# 茄果类蔬菜
# 高效栽培技术

潜宗伟　编著

中国农业出版社

# 参 编 人 员

潜宗伟　季炎海　陈　斌
王宝驹　柴　敏　崔彦玲

# 目 录

## 第一部分　茄子高效栽培技术

# 第二部分　番茄高效栽培技术

## 第三部分　辣椒高效栽培技术

## 第四部分　茄果蔬菜工厂化育苗技术

# 第五部分　茄果蔬菜无土栽培技术

# 第一部分　茄子高效栽培技术

## 第一章　茄子的生物学特性

茄子（*Solanum melongena* L）属茄科茄属植物，多为一年生草本植物，热带为多年生，古名伽、落苏、酪酥、昆仑瓜、小菰、紫膨亨。茄子起源于东南亚热带地区，古印度为最早驯化地，经过泰国、越南传入我国，在我国栽培已有一千多年的历史，一般认为中国是茄子第二起源地。茄子在全世界均有栽培，但以亚洲最多，占世界茄子播种面积的 95％以上，其中我国茄子播种面积最多，占世界茄子产业的 55.8％。茄子是我国南北方各地广泛栽培的主要果菜类蔬菜之一，属国内十大蔬菜作物之一，我国茄子种植面积最大的五个省份依次为山东、河南、四川、湖北和江苏。

茄子果实鲜嫩可口，有较高的营养价值。每 100g 可食部分含蛋白质 2.3g、脂类 0.1g、碳水化合物 3.1g、钙 22mg、磷 31mg、铁 0.4mg、胡萝卜素 0.04mg、硫胺素 0.03mg、核黄素 0.04mg、尼克酸 0.5mg、抗坏血酸 3mg。研究表明，茄子药用效果显著，其性凉、味甘，有清热、解毒、活血、止疼、利尿、消肿、降低胆固醇等功效。茄子富含的维生素 P，它是一种人体无法自身合成，必须从食物中摄取的维生素，它能防止维生素 C 被氧化而受到破坏，增强维生素 C 的效果，增强毛细血管壁，防止瘀伤，有助于治疗牙龈出血和内耳疾病引起的浮肿或头晕。在茄子中维生素 P 含量最多的部位是紫色表皮和果肉的结合处。茄子含有多种生物碱，如葫芦巴碱、水苏碱、胆碱、龙葵碱，茄皮中含色素茄色甙、紫苏甙等，对人体的健康起到很好的保健作用。特殊苦味物质碱苷，纯品为白色结晶状，具有降低胆固醇的功效。

# 一、茄子的植物性性状

## 1. 茄子的根

茄子根系发达，吸收能力强，由主根和大量的侧根构成，一主根深入土壤达 1.3～1.7m，侧根横向伸展达 1.2m 左右，在地表下 5～10cm 处的侧根横向生长较强，主要跟群分布在土 35cm 左右的位置。茄子根系的发育从胚根的伸长开始。发芽后胚根伸长而成为主根，主根垂直伸长，并从主根上分生侧根，再分生二级、三级侧根，共同组成以主根为中心的根系。主根粗而强，垂直生长旺盛，侧根比较短，往四周方向斜下伸展。

茄子根系的生长发育与土质、土壤肥力和品种有关，在黏性重或砂性重的土地里，茄子的根的发生数量少；而在土壤肥力高的土地里，茄子的毛根和须根的数目会大幅度地增加。茄子根系木质化较早，发生不定根能力较弱，因此，根系再生能力较番茄弱，不宜多次移植，栽培时应注意保护根系，创造肥沃疏松的土壤条件。一般直播的茄子根系比育苗移栽者为强，但育苗移栽者的二次根发育则比直播者为优。

茄子不同品种的地上部和根群的发育状态存在明显的对应关系。植株枝条横展性品种的根系属浅根系，根群横向生长；枝条直立性强的品种，起初在表土层有发达的横展性根，到中途就向下伸长，根群垂直向下生长发达，成伞状分布在土壤深层。茄子的根深能很好地吸收、利用地下水，有一定的耐旱性，特别是枝条为直立性而发育旺盛的品种，根系入土深，其耐旱性较强。

## 2. 茄子的茎

茄子的茎幼苗时期是草质的，但茄子茎的机械组织发达，随着植株长大而逐渐开始木质化。茄子的茎直立、粗壮、为圆形，一般全株密生灰色的星形毛，茎的外皮甚厚，皮色随品种而不同，一般与果实、叶片的颜色有相关性。果实为紫色的品种，其嫩茎与叶柄一般都带紫色。茄子的主茎分枝能力较强，几乎每个叶腋都能萌芽发生侧枝。

茄子的分枝习性很有规律，为假二杈分枝，每个叶腋都有潜伏着的腋芽，一旦条件合适，就能萌发形成侧枝。茄子的主茎分化 5～12 枚叶原基后，茎端便分化花芽，从紧靠第一朵花下面的叶腋里发生生长势强的腋芽，抽生侧枝代替主茎生长，伸长后变成第一侧枝；在第一侧枝长出 2～3 片叶后，顶端又形成花芽，下位两个侧芽又以同样方式形成两个侧枝；继之，其下部叶腋处的叶芽也伸长，成为第三侧枝。依此分枝方式继续形成各级分枝。但从下部的节发生的侧枝一般发育比较弱。在实际生产上，第一次至第三次分枝比较有规律，再到上面几层分枝就不很规则，通称为"满天星"。这些抽生比较迟的侧枝，生长势比较弱，不但同其他结果枝争夺养分，并且使得植株郁闭，影响通风透光，影响其上部果实或枝条的正常生长。因此，生产上要进行整枝打杈，将这些腋芽抹掉或将无用的侧枝摘除。

**3. 茄子的叶**

茄子的叶片为互生单叶，叶柄较长，叶片的形状与大小与茄子的品种及其在植株上着生的节位有关。一般来说，直立、紧凑型品种的叶片较为狭长；横蔓性、开张型品种的叶片较为短宽。低节位的叶片和高节位的叶片都比较小，而自第一次分枝至第三次分枝之间的中部叶位的叶片比较大。茄子的叶形有圆形、长椭圆形和倒卵圆形，一般叶缘有波浪式钝缺刻，叶面较粗糙而有茸毛，偶尔生长刺毛。叶片的颜色与果实的颜色、植物营养状况等相关，紫茄品种的叶柄带紫色，紫黑的程度因品种而有差异，白茄和青茄品种呈绿色。在氮素充足、温度稍低的条件下，叶色深。

茄子的叶由表皮、叶肉和叶脉三部分构成。属两面叶，叶上面为栅栏组织，叶下面为海绵组织，叶上有许多表皮毛和气孔，下表面的表皮毛和气孔的分布多于上表皮。

茄子种子萌发后，子叶展开，接着相继分化真叶，真叶发育，进行营养生长。茄子叶片通过从子叶提供营养物质，地上部开始生长，在子叶展开后18d左右，株高2~3cm，3片真叶展开，营养和成花物质积累。3~4片真叶时，生长点顶部的细胞旺盛分裂，开始花芽分化，形成花器。茄子在4片真叶期是营养生长与生殖生长的转折期，4叶前幼苗的生长量很小，4叶后的生长迅速增大。因此，分苗假植应在4片真叶前进行，以有效扩大营养面积，减少移植对幼苗生长发育的影响。茄子在正常气候条件下，在播种后40d、子叶展开后30d，苗已分化出6~7片叶；在播种后50d、子叶展开后40d，苗已分化出10片叶；在播种后大约60d、子叶展开50d，苗已分化出12~13片叶。

**4. 茄子的花**

茄子的花为完全花，是雌蕊、雄蕊两性器官着生在同一朵花上的两性花，为紫色、淡紫色或白色。茄子的花一般是单生，由于品种不同，也有着生穗状2~3朵花或者4~5朵花或者更多的总状花序。茄子花较大而下垂。花由萼片、花冠、雄蕊、雌蕊四大部分组成。

在茄子花的基部最外层与果柄相连的部分为萼片。萼片宿存，是花的最外一层，很像叶，分内表皮和外表皮。外表皮上有气孔和表皮毛。表皮外覆有薄的角质层。萼片基部形成一个短的萼筒。

茄子每朵花的先端分裂成5~8片，花瓣为合瓣，花瓣的花冠直径3cm左右，花色有紫色、蓝紫色、淡紫色或白色。基部合生成筒状钟形，先端深裂成

5～8片，与花瓣数相同，裂片披针形，有刺，颜色同茎色一致，呈紫黑色、绿黑色或者绿色，有刺。花瓣有上、下表皮，表皮细胞壁较薄，上有腺毛，无气孔。海绵叶肉细胞中含有色体，使花瓣呈现白色或紫色。

茄子花的雄蕊在花瓣内侧，一般有5～8个花药，每个花药有两个长度约10mm的花粉囊，着生在花丝上，花丝着生在花冠的基部，黄色的花药围绕着花柱排列成一圈而形成雄蕊。

茄子花的雌蕊位于雄蕊内侧，是在花朵中心被雄蕊包围的柱状物，是由胚珠的心皮发育而成，雌蕊由子房和心皮组成。

茄子的花根据柱头的长短，可分为长柱花、中柱花和短柱花三种类型。

茄子的长柱花为正常的健全花，各个器官都发育得很好，大型、色浓、花柱长而发育充分，开花时柱头一般比围绕花柱的花药的先端长而突出，柱头顶端的边缘部位大，表现为星状花柱，长柱花的花柱长度平均为10mm左右。长柱花容易在柱头上授粉结果。

茄子的中柱花在开花时其柱头处于与花药的顶端大致相同的高度。其授粉率也比长柱花低，但还比较容易授粉。

茄子的短柱花是指在茄子花中稍稍能看到花柱的发育，并且柱头在开药期仍然隐缩在花药筒内部，花柱短，花的各种器官发育不良，花型小、色淡、花梗细，子房发育不良，受精能力低，为不健全花。这种花的花粉粒大部分不落在花药筒内，在柱头上授粉的几率低，常因授粉不良而造成自然落花，即使人工授粉也往往由于子房发育不完全而结实不良，易脱落。

茄子花器大小同植株的生长势关系很大，可作为生长诊断的标志。如果茄子植株的生长健壮，叶大而肉厚，分枝多，叶色浓绿带紫色，花的各器官也表现出花梗粗，花柱长；当植株生长不良时，枝细叶小，花器也瘦小，花色淡，花梗小，花柱短。茄子的健全花一般都着生在枝条前端以下15～20cm的地方，花的上方有4～5片开展的叶片，如果茄子花的位置上仅有1～2片展开叶，距离先端仅5～10cm，这种花的花器往往瘦小，花柱短，容易落花。夜温高、氮、磷、钾的施用量少、干旱或光照不足均是导致茄子短柱花增多的原因。

## 5. 茄子的果实

一般茄子只是基部的一朵花着果，其他往往以不完全花脱落，但也有一些品种着生几个果。茄子的果实是由子房发育的真果，为浆果。果肉主要由果皮和胎座心髓组成。茄子的果皮由子房壁发育而成，由外果皮、中果皮及内果皮组成。外果皮是果实最外侧的果皮部分，是由子房的外壁心皮外侧的表皮发育而成，含有花青素，使果实呈现不同颜色。中果皮肉质、多浆，占食用部分的一部分。茄子果实内部有5～8个子室，各子室中胎座组织受精后增生充满果实内部，其外侧表面着生胚珠发育成种子。茄子的胎座特别发达，形成果实的肥嫩海绵组织，用以贮存养分，这是供人们食用的主要部分。海绵组织的松软程度因品种不同差异较大，一般圆形果实的品种果肉比较致密，细胞排列较紧密，间隙小，含水量少。紫红长茄品种的果肉细胞较疏松，含水分多，较柔嫩。

茄子果实的形状和大小有多种多样，具明显的变异。果实的形状有圆球形、倒卵圆形、长形、扁圆形等。果实的大小可分为小形、中形、大形。成熟的果重因品种而不同，一般为 200～800g。但作为嫩果用，都是采收未熟果实，在茄子开花后 15～20d 的种子尚未开始硬化之前采收，其大小也根据品种特性、市场需求及不同的用途等而有所不同，但一般的品种在 500～800g 采收。

茄子果肉的颜色有白色、绿色和黄白色。果皮的颜色有紫、暗紫、赤紫、白、绿、青等。一般黑紫色的茄子品种，在发育前期，在强光照射下的颜色深，紫色逐渐增加，果实发育成熟后，果实颜色及光泽逐渐褪去，果皮颜色变为黄褐色或红褐色。光线对茄子果色影响因品种差异较大，一般来说，阳光直射果皮着色较好，在背阴处果皮一般着色不良。温度也是影响茄子果皮着色的重要条件。

茄子的果形指数变化因品种不同而异。一般来说，长茄品种的果实，纵径先增长，接着横径增大，果形指数逐渐变小；圆茄品种的果实纵横径几乎是同时增加。不同品种在开花后第 15～25d，果形指数大体上确定。

茄子的果实在开花后的最初阶段膨大较慢，以长茄为例，伸长 2cm 所需要的时间相对较长，约为 7d 左右。果实的初期发育在个体之间的差异较大，而与坐果位置没有关系。当幼果突出萼片时的"瞪眼期"，是茄子果实开始进入迅速膨大期的一个临界标志，从开花到果实坐住再到"瞪眼期"一般需要 8～12d，此后幼果的膨大速度明显快于萼片；开花后 8～20d 急速膨大，每天以约 1cm 左右急速伸长。开花后 15～20d 为商品果的采收期。不久达到最大，从商品成熟期到生理成熟期约需 30d，一般在开花后 50～60d 成熟。

茄子第一朵花所结的果实称作"门茄"；第二和三朵花所结的果实，称作"对茄"；其后又以同样方式开花结果，称之为"四门斗"；以后在又分出的 8 个枝条上所结的果实称为"八面风"。此后，在初期着生的果实开始发育，植株上负担的果实逐渐增多，果实肥大需要大量的养分，植株的营养生长受到抑制，上部节位的花的养分供应不良，以致坐果率降低，在开花期和坐果期之间出现差异，即使开花数增加，坐果也是周期性进行。因此在茄子栽培期间，有几个坐果周期，在大量坐果之后，会出现完全不坐果的时期。当茄子的果实采收后，开花、结实又好转，坐果又增加。

### 6. 茄子的种子

茄子受精后，通过胚和胚乳的发育，通常每一个正常胚珠均形成一粒种子。茄子种子的发育和成熟是由品种特性、植株的营养状态、气候等条件的影响。茄子种子发育较迟，果实在商品成熟期，只有柔软的种皮，且不影响食用的品质，只有茄子达到植物学成熟期，种子的种皮才逐渐硬化，种皮内的胚和胚乳才能发育完全，形成成熟的种子。老熟的种子一般为鲜黄色，形状扁平而圆，表面光滑，粒小而坚硬。

在正常气候下，茄子在开花后 20d 开始表现出种子的形态。在 25～30d 后种皮白色，种子未成熟。40d 左右的种子略带黄色，具有发芽力，种子表面上很充实，但其内容物还不固定、较柔软，一经干燥，其容积就显著缩小。开花后 50～55d 的茄子种子，种皮着色基本完成，千粒重达到一定值，具有 60% 左右的发芽力，种子已基本成熟。开花后 60d，茄子种子千粒重基本稳定，种子的胚已到完熟期，发芽能力和发芽势都已很好。

茄子果实内的种子数由开花期子房内的胚珠数及其授粉受精的比率决定。因品种和营养条件不同，而有很大差异，一般每个果实为 500～3 000 粒，大圆茄多达 2 000～3 000 粒，长茄有 800～1 000 粒，小果品种有时仅为几十粒。采种用的第 4～6 个果大约含有 1 300～1 600 粒种子。茄子的种子千粒重 3～5g。一般情况下，茄子种子保持发芽能力的年限为 2～3 年。茄子未完全成熟的花后 50d 的种子与完全成熟的花后 60d 的种子比较，发芽势和发芽率差异显著。

茄子种果的后熟对种子质量的影响较大，千粒重和发芽指数随着后熟天数的增加而提高。种果未后熟的种子的发芽较差，发芽指数最好的是花后 60d 黄褐色种果，在采果后再次熟 15d。种株的营养条件差、生育晚期采收的种子等不利条件均能影响采收种子的质量。

## 二、茄子的生长发育周期

茄子生长发育周期可分发芽期、幼苗期和开花结果期。

### 1. 发芽期

茄子的发芽期指茄子从种子播种发芽到子叶平展。在适宜的温度和湿度条件下，约需要 10～12d。茄子的发芽期内养分主要由胚乳提供，胚乳包裹由胚根、胚芽、子叶所组成的胚。茄子发芽时胚根最先生长，并顶出发芽孔扎入土中，这时子叶仍留在种子内，继续从胚乳中吸取养分。其后，下胚轴开始伸长，呈弯弓状露出土面，进而把子叶拉出土表，种皮因覆土的阻力滞留于土中。

**2. 幼苗期**

茄子的幼苗期指茄子第一片真叶吐心至茄子门茄显蕾开花的时期。一般情况下，幼苗期需要50～60d，该时期主要为开花坐果积累必要的养分。幼苗期期间，在主茎具有3～4片真叶、幼茎粗度达到0.2mm左右时，开始花芽分化，同时进行营养器官和生殖器官的分化和生长，生长量较小，而相对生长速率较大。明显的特征是叶片增多，分枝增加，根系扩展。当叶片长到5～6片叶时就可以显蕾。

**3. 开花结果期**

门茄显蕾后进入开花结果期，门茄的显蕾开花期是营养生长与生殖生长的过渡期。这个时期以前以营养生长为优势，门茄坐果到达瞪眼期后，营养生长逐渐减弱，果实生长占优势，即植株的营养物质分配已转到以生殖器官为中心。茄子开花的早晚与品种和幼苗生长的环境条件密切相关。幼苗在温度较高和光照较强的条件下生长快，苗龄短，开花早，尤其是在低温较高的情况下，茄子开花较早；相反，在温度较低、光照不足的条件下，幼苗生长慢，苗龄长，则开花晚。

结果期又可分为结果前期、结果盛期和结果后期。从门茄开花至瞪眼为结果前期，需8～12d。此期果实以细胞分裂、增加细胞数为主，果实生长较缓慢，生长量较小，仍以营养生长占绝对优势。此时应以中耕保墒为主，促进根系发展，控制茎叶生长过旺，调整养分分配关系，使其转到以供给果实生长为主。从门茄瞪眼至四母斗商品成熟为结果盛期。此期茎叶和果实同时生长，但茎叶干物质量分配直线下降，花果中干物质量直线上升，表明整个植株已进入以生殖生长为主的时期。此期果肉细胞膨大，果实生长迅速，是产量形成的主要时期，需13～14d。此期应加强肥水管理，既要促进果实迅速膨大，又要保持植株生长旺盛，防止早衰。八面风瞪眼以后即进入结果后期。此期生长势渐弱，生长速率下降，虽然果实数目较多，但单果重量减少。此期应继续加强田间管理，维持较强的株势，仍可取得较好的产量。

在开花结果期，各次分枝（包括分枝叶）和各层果实不断生长，生长量猛增，该期生长量占总生长量的95%。在此时期，在下部果实膨大的同时，在它的上面则在结果、开花，再上面的在进行花芽发育、分化，在更上部的在进行茎叶生长、发育、分化。在同一个体上，同时并存进行着果、花、茎、叶的生长发育。当茎叶增长的同时，不断进行花芽分化，分化了的各个花芽，从各器官的形成、发育到果实发育的生殖生长就不断地连续进行，果实与生长点之间争夺养分，结果盛期时，下层果实还对上层果实有抑制作用。因此，必须注意经常保持茄子营养生长和生殖生长的平衡。

# 第二章  茄子的类型及新品种

## 一、茄子的种类

茄子种类繁多，栽培品种多种多样，形态品质变化显著，但不同品种的染色体均为 $n=12$，品种间容易杂交。长期以来，由于各地消费习惯及生态气候不同，茄子栽培品种形成了不同生态类型和市场消费区域，特别是商品外观品质必须符合当地的消费习惯才能被接受。如东北地区种植的茄子品种以紫黑色长茄为主，华北地区以紫黑色大圆茄为主，西南的四川、重庆及湖北等地的茄子品种有紫黑色长茄和紫红色长茄，而江浙一带以紫红色线茄种植面积较大，山东是我国茄子种植第一大省，其茄子品种类型较多，南北多种类型均有种植。华南地区（广东、海南、广西）及与之相邻的福建、湖南、江西的部分地区以深紫红色长茄为主。

茄子品种分类方法多样。按照果实的形状可分为长茄、圆茄、卵茄等，按果皮的色泽可分为黑茄、紫红茄、绿茄、白茄等，按成熟期可分为早熟、中熟、晚熟等，按植株的形态可分为直立性和横蔓性等。在植物学上，根据茄子的果形，将茄子栽培种分为圆茄、长茄和卵茄三个变种。

**1. 圆茄类**（var. esculentu Bailey）

植株高大，茎直立粗壮，景高 $60\sim90cm$，叶宽而厚，叶缘缺刻钝，呈波浪状，生长旺盛。花型较大，大多数为淡紫色，花梗肥粗。果实呈圆球形、扁圆球形、倒卵圆形或椭圆球形，果形指数 $0.8\sim1.3$。果色有黑紫色、紫红色、绿色、绿白及其他中间色。单果重 $500\sim2\,000g$，肉质较紧密，多为中晚熟品种。圆茄极不耐湿热及多雨气候，属于北方生态型品种，适于气候温暖干燥，阳光充足的夏季大陆性气候条件，为北方茄子主栽类型。在我国主要分布在华北、西北等地区，山东、北京、河南、河北、陕西等省普遍栽培，有众多的地方优良品种，如北京六叶茄、七叶茄、九叶茄，天津大长茄，山东大红袍，河南安阳大圆茄，西安大圆茄，高唐紫圆茄，山西短把黑等。也有少数分布在西南地区，如贵阳大圆茄、昆明大圆茄等。

**2. 长茄类**（var. serpentinum Bailey）

植株高度及生长势中等，叶较小而狭长，分枝较多。果实细长棒状，有的品种长达 30cm 以上，一般长 20cm 以上。凡果形稍短者，则中部粗，长者则细，尾部钝或尖。果皮较薄，肉质松软，种子含量相对较少。果实有紫色、青绿色、白色等。单株结果数较多，单果重较小。以早中熟品种为多。主要分布在长江流域各省及东北、华南、华东等中国大部地区，是中国茄子主要栽培类型。地方优良品种较多，如南京紫线茄、杭州红茄、成都竹丝茄、徐州长茄、北京线茄、吉林羊角茄、沈阳柳条青等。长茄又可细分为以下三个类型。

**（1）细长茄** 果型指数＞10.0，果形细长，果皮薄，肉质细嫩，果皮紫色或紫红。植株中等大小，分枝较多，叶大而有角。花型较小，多为淡紫色。该类型一般较为早熟，主要分布在我国华东地区。

**（2）大长茄** 果型指数 3.1～10.0，果实长棍棒形。果皮较薄，肉质松软，果皮颜色多为紫色，也有绿色和白色。植株高度中等，分枝较多。花型较小，多为淡紫色。以早中熟品种为主，主要分布在我国南方和东北地区。

**（3）中长茄** 果型指数 2.1～3.0。果皮较薄，肉质松软，果皮颜色多为紫色，也有绿色和白色。植株高度中等，分枝较多。花型较小，多为淡紫色。以早中熟品种为主，主要分布在我国东北等地区。

**3. 矮（卵）茄类**（var. depressu Bailey）

植株低矮，茎叶细小，叶片薄，边缘波浪状，叶色淡绿，叶面平展。分枝开张，分枝多，生长势中等或较弱。花多为浅紫色，花型小，花梗细。果节位低，果实小，果形指数 1.4～2.0，呈卵圆形、卵球形、灯泡形。果皮较厚，种子较多，易老，果肉组织疏松似海绵状。有紫色、白色、绿色等，以紫色种为优。多为早熟品种，产量较低，但抗性较强，能在高温下栽培。日本促成栽培及早熟栽培，以此类品种为主，如著名品种千成茄、真黑、蒂紫等。我国的栽培集中于陕甘一带，全国其他地区也有零星种植。主要品种如北京灯泡茄、沈阳灯泡茄、荷包茄、小卵茄、西安绿茄等。

# 二、茄子优良新品种

由于杂交一代茄子植株强健，抗逆性强，产量高，一般都比亲本增产40％～60％，因此，杂种一代茄子已经广泛用于生产。近年来，国内外茄子育种工作者已经培育出了各种类型的茄子杂交品种，本书仅介绍部分最近几年培育的茄子杂交品种。

## （一）圆茄优良品种

京茄1号：北京市农林科学院蔬菜研究中心培育，中早熟，果实扁圆形，果皮亮黑色，商品性状好，植株长势强，株行直立，丰产、抗病、低温条件下易坐果。连续结果性好，平均单株结果数8～10个，单果重500～600g。果实膨大速度快，畸形果少，适合露地栽培。

京茄 6 号：北京市农林科学院蔬菜研究中心培育，早熟一代杂交品种。该品种株型直立，植株长势较强，连续坐果性强，平均单株结果数 8～10 个，单果重 600～800g。果实扁圆形，果色黑亮，有光泽，该品种产量高，商品性状优良。主要适宜春季拱棚及露地栽培。

京茄黑宝：北京市农林科学院蔬菜研究中心培育，早熟，株型紧凑，始花节位 6～7 节。果型周正，近圆球形，果脐小，畸形果少，果皮黑亮，光泽度好，商品性状佳。该品种耐低温弱光，适合早春保护地栽培。

京茄黑骏：北京市农林科学院蔬菜研究中心培育，早熟，杂交一代圆茄品种。植株长势强，连续结果能力强，后期不早衰。果形扁圆，黑亮有光泽，单性结实能力强，较耐低温弱光，该品种产量高，保护地专用品种。

圆杂 471 号：中国农科院蔬菜花卉研究所育成的圆茄一代杂种。门茄节位 7 叶，果实紫黑圆形，单果重 500～800g，果实纵径 10～12cm，横径 11～13cm。果色紫黑亮丽，果实着色均匀、果实肉质紧实、食用口感好、果实商品性好，田间表现耐黄萎病。

硕源黑宝：北京硕源种子有限公司培育，本品种为早熟一代杂交种，适于早春保护地栽培。果实似圆球形，果皮色黑，颜色亮丽，果肉白嫩，细密，单果重 750～1 000g，抗逆性强，果实膨大快，商品性好。

圆丰 1 号：天津科润蔬菜研究所培育，杂交一代早熟品种，门茄着生第七节位，株高 70cm，开展度 65cm，果实深紫色，有光泽，扁圆形，发育速度快，肉质洁白细嫩，品质极佳，单果重 550 g 左右。耐黄萎病和根腐病。每亩*定植 2 000～2 200 株，每亩产量达 4 500～5 000 kg。适合华北、西北及中原地区早春保护地和春露地栽培。

### （二）普通紫黑长茄优良品种

京茄 218：北京市农林科学院蔬菜研究中心培育，株型直立，长势强，果形顺直，果长 35～40cm，果实横径 6～7cm，果皮油亮，有光泽。该品种果肉细嫩，品质好，产量高，适合露地栽培。

京茄黑龙王：北京市农林科学院蔬菜研究中心培育，早熟，果形顺直，果长 35cm 左右，果实横径 5cm 左右，果颜色黑亮，无阴阳面。该品种畸形果少，产量高。

长杂 8 号：中国农科院蔬菜花卉研究所培育，中早熟，株型直立，生长势强，单株结果数多。果实长棒形，果长 26～35cm，横径 4～5cm，单果重

---

\* 亩为非法定计量单位，1 亩＝667 平方米。——编者注。

200～300g。果色黑亮，肉质细嫩，籽少。果实耐老，耐贮运。适于春露地和保护地栽培。

长野黑美：济南茄果种业发展有限公司培育，早熟杂交一代茄子品种，生长强健，植株直立性强，坐果率高，果实膨大速度快，果实为长直棒状，弯果少，果长 30～40cm，横径 5～6cm，单果重 300～400g，果色黑亮，无青头顶，无阴阳面，果肉淡绿色，抗氧化性好，略甜口感好，商品性佳，抗病、高产。

龙杂茄 8 号：黑龙江省农业科学院园艺分院培育，株高 80～100cm，开展度中等，果实粗大棒形，纵径 24～26cm，横径 5～6cm，单果质量 200 g 左右，果皮紫色，果肉白色，在高温条件下坐果性强，不易落花落果。

紫龙 3 号：武汉市蔬菜科学研究所培育，中熟杂交一代，分枝性强，生长势较强。株高 110cm，开展度 70cm。叶片长卵形，绿色带紫晕，叶脉深紫色，叶片大小为 29cm×17cm。门茄位于第 9 节，花一般为簇生（2～4 朵），少数为单生。商品茄果皮色为黑紫色，果实条形，果顶部钝尖，果柄和萼片均为紫色，果皮光滑油亮，转色快，果肉白绿色，茄眼处有红色斑纹。果长 35～40cm，横径 3.5cm，单果重 180～220g。肉质柔嫩，皮薄、籽少、耐老，耐储运。耐热能力强。湖北地区一般每亩产量为 4 000kg，高产的超过 5 000kg。每亩需要种子 10～15g。

## （三）绿萼片紫黑长茄品种

京茄 20 号：北京市农林科学院蔬菜研究中心培育，植株长势旺盛，叶片青绿色。果实黑紫色，果皮光滑油亮，光泽度极佳。果柄及萼片呈鲜绿色，无刺。果形棒状，果长 25～30cm，果实横径 6cm 左右，单果重 250～350g。连续坐果能力强，果实发育速度快，果肉浅绿，商品性好。果皮厚，不易失水，货架期长，商品价值高。该品种抗逆性强耐高温，适合北方露地栽培。

京茄 21 号：北京市农林科学院蔬菜研究中心培育，长势旺盛，分枝能力强，易坐果。果形顺直，长棒状，果长 25～35cm，果实横径 6cm 左右，单果重 300g 左右。果皮深黑色，光滑油亮，光泽度佳。果柄及萼片鲜绿色。该品种耐低温弱光、抗逆性强、耐贮运，适合保护地长季节栽培，周年栽培亩产可达 1.5 万 kg 以上。

长杂 218：中国农科院蔬菜花卉研究所培育，中熟，株型直立，生长势强。果实棒形，果萼绿色，果长 25cm 左右，横径 5cm 左右，单果重 150g 左右。果色紫黑亮，肉质细嫩，籽少。果实耐老，耐贮运。适宜华北、西北地区春秋日光温室和大棚栽培。

布利塔：荷兰瑞克斯旺种子公司培育，植株开展度大，花萼小，叶片中等大小，无刺，早熟，丰产性好，生长速度快，采收期长。适合秋冬温室和早春保护地种植。果实长形，果长 25～35cm，直径 6～8cm，单果重 400～450g。果实紫黑色，质地光滑油亮，绿把、绿萼，比重大，味道鲜美。货架寿命长，商业价值高。周年栽培亩产 18 000kg 以上。

斯卡特：荷兰安莎种子公司培育，植株长势旺盛，茎秆粗壮，开展度中等，无刺，早熟，花多，坐果好，丰产性好，采收期长。果实长形，平均果长 26～36cm，直径约 6～8cm，果实紫黑色，富有光泽，绿把，绿萼，比重大，果肉质地细嫩，风味佳。货架期长，耐贮运。适合秋延迟越冬及早春保护地栽培，适合鲜食及外运出口。

金刚：西安桑农种业有限公司培育，早熟杂交品种，植株第 7～9 片真叶着生门茄，节间短，长势旺，连续生长和坐果能力极强，株高可达 1.8～2.0m；果实黑色，亮度好，果长 23～32cm，直径 5～7cm（低温以及使用赤霉素喷花条件下果实较细长，高温下果实较粗短），坐果率高，发育速度快，硬度好，耐运输，货架期长；果肉浅绿色，长途运输不易烂果；萼片鲜绿色，无紫斑，茎叶、果柄和萼片无刺或少刺；特耐高温，夏季露地栽培果实生长和色泽不受影响；特别适合露地种植，也可在保护地进行早春和秋延迟栽培，但不宜做日光温室越冬栽培。平均单株产量可达 10kg，露地栽培亩产量 5 000 kg 以上，经济效益明显。

### （四）紫红长茄品种

京茄 30 号：北京市农林科学院蔬菜研究中心培育，中早熟，植株长势旺盛，连续坐果能力强，畸形果少，果形顺直，长棒状，果长 40cm 左右，果实横径 7cm 左右，果实亮红色，有光泽，产量高。

京茄 31 号：北京市农林科学院蔬菜研究中心培育，植株生长势强，果形顺直，长棒状、果长 35cm 左右，果实横茎 7cm，果皮光滑，紫红色、有光泽，商品性好。适宜露地栽培，可在我国南北方种植。是南菜北运的优良品种。

京茄 32 号：北京市农林科学院蔬菜研究中心培育，中早熟，植株长势强，直立性好，连续坐果能力强，果形顺直，细长，果长 50cm 左右，果实横径 3cm 左右，果实亮紫红色，产量高。

长丰 2 号：广州农达种子科技有限公司培育，植株生长旺盛，适应性强，比长丰红茄高产、抗病。果实长条形，紫红色，果肉白色，肉质细嫩。盛收期果长 30～32cm，横径 4.5～5.0cm，单果重 250～300g。本品种开花结果期适宜温度 20～30℃，在良好栽培条件下，最高亩产可达 5 000kg 以上。

长丰 3 号：广州农达种子科技有限公司培育，中晚熟品种，生长旺盛，植株紧凑，适宜密植，亩植 800～1 000 株，适应性广，对青枯病及褐纹病有比较强的抗性。果实长条形，盛收期果长 32～34cm，粗 4.5～5.0cm，平均单果重 250～300 g。果色深紫红，高温不易变色，果面光滑亮丽，果肉白色，肉质细嫩，果肉硬，耐运输。果型整齐度好，商品率高。本品种开花结果期适宜温度 20～30℃，在气候正常和良好的栽培条件下，亩产可达 5 000kg 以上。

农夫长茄：广东农业科学院蔬菜研究所培育，该品种为杂交一代品种，从播种至始收春植 101d，秋植 86d。果长棒形，头尾匀称，果皮紫红色，果面平滑、着色均匀、有光泽，萼片呈紫绿色，单果重 268.1～268.8g，商品率 90.89%～95.94%。抗病性鉴定结果为中抗青枯病。田间表现耐热性、耐寒性和耐涝性强，耐旱性中等。适宜广东省茄子产区秋季种植。

浙茄 1 号：浙江省农科院蔬菜蔬菜研究所培育，植株生长势强，结果层密，座果率高，平均单株座果数 25～30 个，最多可达 48 个。果长 30～38cm，粗 2.4～2.6cm，平均单果重 60～70g 左右。

## （五）其他类型茄子品种

安吉拉：荷兰瑞克斯旺种子公司培育，该品种植株生长旺盛，开展度大，花萼小，叶片小，丰产性好，采收期长，耐低温性好，适合秋冬温室和早春保护地种植。果实长灯泡形，直径 6～9cm，长度 22～25cm，单果重 350～400 g，果实带紫白相间条纹，绿萼。质地光滑油亮，果实整齐一致，果肉白，味道鲜美。货架寿命长，商业价值高。周年栽培亩产 18 000kg 以上。

绿状元：西安桑农种业有限公司培育，中早熟，9 片真叶着生门茄，株型较高，生长势强，综合抗病能力好，耐寒，抗热。果实长灯泡形，彭果速度快，单果重 1 000g 左右。是目前果形最大，皮色最绿的绿茄品种之一。果实膨大速度快，亩产量可达 10 000kg 以上。适合南北方节能型日光温室越冬、保护地早春、秋延迟和露地栽培。

白玉白茄：广东农业科学院蔬菜研究所培育，交一代品种，植株生长势强，株高约 96cm，开展度 85.7×91.9～93.2×95.7cm。早熟，播种至始收春季 105d，秋季 86d，延续采收期 46～68d，全生育期 151～154d。果实长棒形，头尾均匀，尾部尖。果皮白色，光泽度好，果面着色均匀，果上萼片呈绿色；果肉白色、紧实。果长 25.7～26.1cm，横径 4.11～4.30cm。单果重 191.9～192.2 g，商品率 94.34%～94.49%。感观品质鉴定为优，品质分 85 分。可溶性固形物含量 4.50～4.60g/100g，粗蛋白 1.01～1.41g。

# 第三章 茄子露地栽培技术

茄子喜温怕热，怕霜冻，因此，露地只能在无霜期里种植。露地栽培茄子分为春露地栽培（春茬）和夏秋露地栽培（夏秋茬）。

春季露地栽培：东北地区北部及内蒙古北部，2 月上旬温室育苗，5 月上旬定植，6 月中下旬上市，延续供应到 9 月上旬。东北南部、华北及西北地区 1 月中旬在温室内育苗，4 月中下旬定植，5 月下旬开始上市，延续供应到 8 月下旬。华东、华中和华南地区，1 月上中旬电热温床育苗，4 月上旬定植，5 月中旬上市，延续供应到 7～8 月。

夏秋茬露地栽培：4 月下旬至 5 月上旬露地育苗，苗龄 60d 左右，6 月下旬至 7 月上旬定植，8 月中旬上市，可延续供应到 10 月下旬。

南方越冬茬口：一般 8 月上旬至 9 月上旬播种育苗，苗龄 302d 左右，10 月中下旬始收，该茬口可以延续到第二年 3 月，是茄子南菜北运的重要茬口（表 1）。

表 1　露地茄子茬口安排

| 地区 | 茬口 | 播种期<br>（月/旬） | 育苗方式 | 定植期<br>（月/旬） | 始收期<br>（月/旬） | 结束期<br>（月/旬） |
|---|---|---|---|---|---|---|
| 华北地区<br>（京津） | 春茬 | 1/下～2/中 | 温室、大棚 | 4/下 | 6/上～8/上 | 8/上 |
| | 夏茬 | 3/下～4/下 | 阳畦、露地 | 5/下～6/下 | 7/下～8/中 | 9/下～10 |
| 黄淮海地区 | 春茬 | 12/上～翌年 1/中下 | 阳畦、温室 | 4/中～5/上 | 6/中 | 10/上 |
| | 夏茬 | 4/中～5/下 | 露地 | 6/上中 | 8/中 | 10/中 |
| 东北地区 | 春茬 | 1/中～2/上 | 温室 | 5/中下 | 7/中 | 9/下 |
| | 夏茬 | 3/上中 | 露地 | 5/下 | 7/下 | 9/下 |
| 长江中下<br>游地区 | 春茬 | 11/中下 | 大、中棚 | 翌年 3/下～4/上 | 5/下～6/下 | 7/下 |
| | 夏茬 | 3～4 | 露地 | 4/中～6/上 | 7/上 | 10/下 |
| 西南地区 | 秋茬 | 5/中～6/上 | 遮阴防雨 | 6/下～7/上 | 8/上 | 10/下 |
| | 春茬 | 10/中～12 | 大棚、冷床 | 翌年 3/上中 | 8/中下 | 10/下 |
| | 秋茬 | 5/中～6/上 | 遮阴 | 7/上中 | 7/上 | 11/下 |
| 广东 | 春茬 | 9/上～10/下 | 露地 | 12 | 翌年 4/上 | 6/下 |

（续）

| 地区 | 茬口 | 播种期（月/旬） | 育苗方式 | 定植期（月/旬） | 始收期（月/旬） | 结束期（月/旬） |
|------|------|------|------|------|------|------|
| 广东 | 夏茬 | 2/上～3/下 | 露地 | 4/上～5/下 | 6/上 | 8/下 |
| | 秋茬 | 3/上～4/下 | 露地 | 4/上～5/下 | 7/上 | 11/下 |
| | 冬茬 | 8/上 | 遮阴 | 9/上 | 10 | 12 |

# 一、茄子春季露地栽培技术

露地春茬茄子一般是在当地晚霜过后、日平均气温在 15℃左右时开始定植，北方多在 4 月下旬至 5 月上旬定植，南方在 3 月底到 4 月初定植。

目前，茄子春茬露地栽培也大多均采用开沟栽培或地膜覆盖高垄栽培。在华北地区还有一种小拱棚早熟露地栽培技术，采取"先盖天，后盖地"的技术措施，可使茄子的生育期提早 7～10d，产量提高 20%～30%，经济效益大幅度增加。具体做法是首先开定植沟，一般要求沟距 1 m，沟宽 30cm，沟深20 m。在 4 月上中旬选择晴天定植，先随沟灌水，按株距 30cm 贴沟边交错定植 2 行，扣小拱棚防寒。定植后 1 周内不放风，以提高温度，促进缓苗。定植 1 周后，打开小拱棚一端，浇 1 次缓苗水；随着外界气温升高，开始破膜通风，风量由小到大。待 5 月上中旬，结合培土起垄，将棚膜落下，破膜掏苗。这样原来的定植沟变成小高垄，地膜由"盖天"变为"盖地"，以后成为地面覆盖栽培。

**1. 品种选择**

宜选用耐寒、早熟、高产和抗病能力较强的品种。

**2. 播种育苗**

露地栽培需要在保护地里育苗，由于育苗前期温度较低，需要做好苗床的保温工作，最好采用地热线等加温控温措施控制育苗床温度，培育壮苗。

**3. 定植**

**（1）地块的选择**　茄子适宜于有机质丰富、土层深厚、保肥保水力强、排水良好和微酸至微碱性的土地。茄子最忌重茬连作，因此，应选择 5 年内没有种过茄子的地块。

**（2）整地施基肥**

整地：北方地区用春白地搞早熟栽培的，应在秋冬季和早春进行两次深翻。秋作物收获后抓紧在上冻以前深翻 30cm 左右，经过一冬的冻垡和晒垡，可以改善土壤结构，提高保水能力，减少土壤中的病虫。春季解冻后及时耙耢，以利于保墒。南方也应在前茬作物收获后及时深耕，尽可能地争取较长时间的晒垡。

做畦（垄）：北方春季温度低，干旱少雨，多采用平畦或沟栽。以后随着温度的升高、植株长大，再通过培土把畦或沟变成垄，既可加大活土层，又有利于浇水、排水和防倒伏。东北地区习惯采用垄作或小高畦栽培，垄高 20cm左右，或畦高 10～15cm，畦宽 60～65cm，沟宽 35～40cm。畦面可用 90～100cm 幅宽的地膜覆盖。南方地区多雨，多采用深沟高畦栽培，连畦带沟宽1.3～1.6 m，沟深 20～30cm。

施基肥：整地做畦时应增施农家肥料作基肥。北方多结合春耕每亩撒施厩肥或堆肥 5 000 kg，做畦时再沟施或穴施优质肥，如饼肥、粪干等 100 kg，复合肥 20～25 kg。南方高畦栽培可在畦中央开沟，每亩埋施优质厩肥 2 000～3 000 kg和草木灰 200 kg；平畦后在高畦两侧开挖定植沟，再沟施优质农家肥200 kg 或复合肥 20～25 kg。

**（3）定植时期与密度**

适宜的定植期：茄子怕霜，一般掌握在当地春季终霜后、最低气温稳定在12℃时开始定植。华北地区在 4 月下旬，东北地区在 5 月上中旬，南方多在 3月下旬到 4 月上旬。为争取早熟，在不致受晚霜危害的前提下，可尽量早栽。晚熟茄子要根据早春菜的腾茬时间，灵活掌握，但不可太迟，应在夏天初伏时能缓过苗来生长；否则定植后就进入高温期，不易发棵，易发病，产量低。

适宜的定植密度：栽植的密度要根据品种特征特性、栽培方法和土壤肥瘦等因素来决定。一般早熟品种比晚熟品种密；株型紧凑的品种比植株开展度大的品种密；土壤肥力差的比土壤肥力高的密。生产中早熟品种一般每公顷栽2 200～2 500 株，中熟品种 2 000～2 200 株，晚熟品种 1 500～2 000 株。

定植方法：定植最好选择无风的晴天。北方因春季干旱，常用暗水稳苗栽植。按行距先开一条定植沟，在沟内灌水，待水还没有渗下时将幼苗按预定的株距轻轻放入沟内。当水渗下后及时进行壅土，覆平畦面。南方各地大多采用干栽法，即先开穴后定植，然后浇水。栽苗时不可栽得过深或过浅。栽得过深，土温低，不利于根系生长，缓苗慢；栽得过浅，虽土温高，有利于根系生长，但扎根不稳，幼苗易被灌水冲跑或大风刮倒。一般的栽植深度以子叶节同土壤平齐为标准。

覆盖地膜：露地茄子地膜覆盖能加快栽植后秧苗缓苗速度，促进根系生长。

**4. 定植后的田间管理**

浇水：栽苗后及时浇水，此水称定植水或稳苗水，水量不宜过大。因早春气温低，如水量太大，则土温降低过多，不利于缓苗。缓苗之后，即心叶颜色由老绿转为嫩绿时，浇第二次水。水量应大，以足以保证蹲苗期的土壤湿度为宜。这一水称缓苗水或发棵水。到门茄开花时适当控水蹲苗。门茄瞪眼期结束蹲苗，及时浇水。如果浇得太晚，影响果实发育，果实生长缓慢，果皮无光泽，品质差。蹲苗结束后即进入结果期，植株茎叶和果实同时生长，生长速度快，需要的水分也显著增多。对茄和四门斗相继座果膨大时，需水最多。从门茄瞪眼后，视天气和植株生长情况，应每隔5～7d浇水1次，以经常保持土壤湿润，防止忽干忽湿。

南方梅雨季节土壤含水量大，容易引起病害和烂果，要及时排水。浇过水后，要将畦埂打开，以免雨水排不出去。夏季的雷阵雨过后，要浇1次清水。因为雨滴经热空气蒸灼入土后，使得地温明显升高，雨后暴晴，近地高温高湿。雨点高速冲撞地表后，土壤孔隙关闭，造成缺氧，根系生长受到阻碍，并易出现烂果现象。浇清水后，可降低土温和地表温度，沟通土壤孔隙，使得根系吸收能力增强，新陈代谢恢复正常。

中耕培土：俗话说："茄子靠搒，黄瓜靠绑"，说明中耕培土对茄子的高产有着重要意义。由于早春气温低，茄子定植后发根慢，在浇过缓苗水后或雨后天晴，当土壤稍干时，要抓紧时机进行两次中耕松土除草。深度为7～10cm，保持土壤表面疏松，增加土壤透气性，以利于提高地温、保墒和促苗发新根。过10d左右再进行第二次中耕。这两次中耕都要深锄苗土周围的土壤，划穿根部的表土，促进根系向深层发展。当门茄瞪眼、对茄全部开花时结束蹲苗，及时施肥浇水后浅耕1次。门茄收获后，结合灌水追肥，待表土干湿适宜时，进行培土，培成小高垄或小高畦，防止植株倒伏。对株型高大的中晚熟品种，可插支架，固定植株。每次中耕均应结合除草。

追肥：茄子的生长期长，枝叶繁茂，比番茄需肥水多。定植缓苗后结合浇缓苗水进行第一次追肥，即催苗肥。一般施每亩施10～15kg的硫酸铵、尿素等。尔后以中耕蹲苗为主，直到门茄瞪眼期结束蹲苗。门茄瞪眼后进入结果期，植株上着生的门茄已坐住并开始迅速膨大，应结合浇水进行第二次追肥。每亩追施入磷酸二铵、复合肥、尿素等15～20kg。这次追肥如追得过早，果实尚未开始膨大发育，需养分少，大量养分会集中到茎叶中，容易引起茎叶徒长；如果追肥过晚，果实生长缓慢，果皮无光泽，品质差。对茄和四门斗相继坐果膨大时，是茄子需水高峰期。在对茄鸡蛋大小时进行第三次追肥，这次是追肥的重点时期，追肥量要大，一般每亩尿素20～30kg。四门斗果实膨大时，还要再追施1次较重的粪肥或化肥。中后期要增施钾肥，少施磷肥。因为缺钾植株易感病倒伏，多施磷肥易引起果实僵硬。

追肥的方法可以撒施、埋施，也可以随水浇灌。撒施时应将肥料撒在畦内株间，注意不要撒在叶片和果实上，撒后再浇水；也可在雨后撒施。开沟挖穴时不要过于靠近主根，否则容易烧根。

结果期除适当追肥以外，可进行叶面施肥，叶面施肥可喷施0.2%的尿素和 0.3%磷酸二氢钾混合液，每 15d 喷施 1 次。叶面喷肥应选择晴天进行，喷施后应保证有 24h 雨的天气方能见效。叶面喷肥可结合防治病虫害喷洒农药一同进行。喷施时间最好是傍晚或早晨尚有露水时进行，不宜在中午进行，以免因高温而加快药液浓缩速度而造成药害。

整枝摘叶：茄子的整枝有双杈整枝法和三杈整枝法两种。三杈整枝法是除保留主枝外，在主茎上第一花序（门茄）下的第一和第二叶腋内抽生的两个较强大的侧枝都加以保留，共 3 个杈，基部的其余侧枝全部摘除。一般早熟品种多采用三杈整枝法。双杈整枝法是只留主枝和门茄下的第一侧枝，其余侧枝全部去掉。中晚熟品种多用双杈整枝法。

植株封行以后，为了通风透光，促进果实着色，可将下部枯黄的老叶和病叶及时摘除。如果植株生长旺盛，可适当多摘；天气高温干旱，茎叶生长不旺时要少摘，以免烈日照射果实，引起灼伤。

落花落果防治：常用的生长调节剂有番茄灵和 2,4 - D。

**5. 采收**

茄子以嫩果供食用。始收期为：早熟品种定植后 40～50d，中熟品种定植后 50～60d，晚熟品种定植后 60～70d。一般在开花后 20～25d 可以采收嫩果。

## 二、茄子夏秋茬露地栽培技术

夏秋茶茬茄子在露地播种育苗，小麦、油菜或春季早熟蔬菜如甘蓝、大蒜、莴笋等收获后定植。秋茄上市时间正是 8～9 月的蔬菜小淡季，直至深秋，经济效益可观。但其生育期经高温多雨的夏季，花期常遇雨而造成落花，病害重，栽培技术难度较大，产量不稳定。因此，栽培管理措施一定要抓住以下几个主要环节。

**1. 品种选择**

夏秋茬茄子生长前期正值高温干旱季节，产值主要靠中后期产量。因此，应选择抗热和抗病性强的中晚熟品种。

**2. 适时育苗**

北方地区一般在 4 月上旬至 4 月下旬播种，南方地区一般在 5 月上旬至 6 月上旬进行播种。苗龄 50～60d。夏秋茬茄一般在露地育苗。

夏秋茬茄子的育苗后期正值高温多雨季节，苗床要选择地势高燥、排水良好和土壤肥沃的地块。在畦上用旧塑料薄膜和遮阳网搭成荫棚，四周靠地面处的塑料薄膜卷起，这样既能防大雨冲淋，又可防太阳曝晒，达到通风、保湿、降温的目的。

播种方法：一是用穴盘育苗，每穴播种 2～3 粒，播种后浇一次透水，用遮阴网和薄膜控制苗床的温度、湿度。幼苗长到1叶1心时，每穴留1株健壮苗，其余拔掉。二是撒播育苗。整好畦后，可先将床土浇足底水，待底水全部渗下、表面略干后再播种。播种后覆盖一层过筛细土，厚度1～1.5cm。播种后为保持畦面湿润，以利于出苗快而齐，可在畦面覆盖遮阳网或薄层湿稻草。开始出苗后立即揭除覆盖物，防止出现瘦弱苗。这一时期育苗因温度高，幼苗生长快，要适当控制浇水，不旱不浇水，以防徒长。出苗后及时间苗。幼苗2叶1心时分苗，苗距加宽到12cm左右。如发现缺肥，可叶面喷施0.2%尿素和0.3%磷酸二氢钾混合液。

**3. 选择适宜的栽培方式**

夏秋茬茄子生长期正值高温多雨季节，宜选择有机质含量丰富、土层深厚的砂壤土种植。因此，要选择灌溉方便、易于排水的地块。北方最适宜小高垄栽培，南方采取深沟高畦的栽培方式。这两种栽培方式土壤透性好，雨季便于排水，并均可使主根生长在深厚的土层，以避免地表高温的影响，这是越夏成功和获得高产的关键。一般垄距70～100cm，株距30～45cm。或按深10～15cm开沟，按株距放苗；也可直接在平整的地上拉线放苗，再将两边的土向中部培成小高垄。其后随着植株的生长，配合中耕锄草，逐步培土。南方宜深沟高畦栽培，畦面宽1m左右，沟深5～20cm，双行种植，行距60cm，株距40cm。

**4. 田间管理**

夏秋茬茄子一般在6月中旬至7月中旬定植，8月开始采收上市。由于生育期要经历高温多雨季节，土壤养分易分解流失，故需重施基肥，才能满足植株生长发育的需要。一般沟施更有利于发挥肥效。每亩施优质农家肥500～7 000 kg，磷酸二铵40 kg，然后做垄或做畦。

门茄坐住后及时追肥浇水，每亩追施尿素20 kg。茄子结果的中后期应每隔10d追施1次化肥。每次每亩需追施尿素15～20 kg，磷肥15 kg，钾肥10 kg。这样才能延缓植株衰老，促进果实生长，保持后期产量。茄子封垄后，提倡"随水施肥"技术，即可使氮肥渗到耕层中下部，便于根系吸收。

高温干旱时期要保持水分供应。除需经常浇水外，在垄沟或畦面铺放稻草，既可有效降温、保湿，防止杂草丛生，又能防止土壤板结，减少病害的发生。

中耕除草是夏播茄子管理的重要环节，配合中耕除草要逐步培土。其他各项田间管理工作，如整枝打杈、采收果实与春茄子相同。由于夏季高温，植株生长快，各项措施都要做得及时、精细。

**5. 预防落花**

夏秋茬茄子生长前期，因高温不利于开花授粉，为了防止落花，须用20～

30mg/kg 番茄灵处理花朵，提高坐果率。

**6. 病虫害防治**

秋茄生长期间，天气炎热多雨，各种病害、虫害普遍发生，特别是茶黄螨和红蜘蛛为害最严重。因此，除重视田间管理外，还必须针对病虫害发生情况及时防治。

# 三、南方越冬茬茄子露地栽培技术

由于我国广东、海南、云南等地在 8 月至第二年 3 月气温相对较高，较适宜茄子生长，而此时全国大部分地区正处在寒冷的冬季，茄子供应量相对较少，茄子价格相对较高，具有较高的经济效益。因此，近年来在这些地区露地大面积种植茄子，以供应北方大部分地区茄子市场。此茬口是我国茄子南菜北运重要的茬口。

**1. 品种的选择**

由于南方青枯病较为严重，此茬口最好选用抗青枯病品种。同时要考虑南菜北运的特点，根据销售走向，选择适合的茄子品种，例如，近年来该茬口圆茄品种的种植面积逐渐增加以满足京津冀市场的需求。

**2. 地块的选择**

该茬口茄子主要是防雨、防台风、防强日照，因此，地块的选择尤其重要。首先，如果不嫁接，要选择一块 5 年内未种过茄子的地块，防止茄子土传性病害等连作障碍；其次，应当有良好的给水排水设施，做到旱季不影响茄子生产，台风雨季能够把水排出去。

**3. 育苗**

**（1）育苗床的准备** 此茬口一般正是海南等地台风多发的季节，台风季节风大雨大，茄子苗床准备应注意以下几点：

a. 选择合适的地块做育苗床，一般选择 5 年内没种植过茄子且地势较高、四周有良好的排水条件、土质渗水快的地块建立育苗床；

b. 育苗床的建立，四周开深沟，开沟土放到育苗床上，垫高育苗床 20cm 以上，整平育苗床，要求育苗床平坦紧实；

c. 育苗床上需要撒施一定量的敌敌畏，防治蚂蚁等危害茄子种子；

d. 育苗床周围预备上薄膜、遮阳网，有条件的最好预备上抽水机等主动排水设备。

e. 育苗床一侧薄膜和遮阳网应当完全用土压住，保证不透风，另一侧准备好大的石块，台风来临前用大石块压住另一侧的薄膜和遮阳网，注意薄膜在下，遮阳网在上，这样台风来临后淋湿的遮阳网的自重可以很好的压住薄膜。

（2）**育苗盘的准备**　采用穴盘育苗或直接育苗床撒播育苗。穴盘育苗基质采用椰糠和牛粪用细筛筛好后按照 2：1 的比例，后加入 80％多菌灵粉剂及敌敌畏混匀，制成育苗营养土，营养土装盘备用。由于不分苗，建议采用 72 孔或 50 孔穴盘。

（3）**播种**　播种前种子要进行消毒，方法是：用 0.01％高锰酸钾溶液、或 55℃温水浸泡种了 30min、0.05％赤霉素浸种 4～5h，后用清水冲洗 30min。可用根据种子量的大小确定每穴播种粒数，为保证出苗数量，建议一穴两粒。

（4）**苗期管理**　播种到出芽前应当浇足水，注意检查穴盘边行，干后及时补水，夜晚覆盖薄膜。待出苗到长出真叶前，注意适当控水，防止茄子苗猝倒，此时期只浇清水，真叶长出后应该适当加大浇水量，浇水过程中可以根据茄苗情况，加入生根肥、杀菌剂等。苗期应当注意南方的强光照，中午最好盖上遮阳网。播种后经常检查，清除杂草，出苗后每隔 7～10d 喷药 1 次，杀虫剂和杀菌剂配合施用，如果发现有病虫害危害茄苗时，应缩短用药间隔。当幼苗长出 2～3 片真叶时，应把缺苗的孔补齐，以保证幼苗生长健壮。6～7 片真叶时即可定植，定植前 7d 晚上如不下雨应停止覆盖薄膜，达到炼苗的目的。

**4. 定植**

南方地区多雨，多采用深沟高畦栽培，连畦带沟宽 1.2～1.4 m，沟深 20～30cm，在畦中央开沟，每亩埋施优质厩肥 2 000～3 000 kg 和复合肥 20～25 kg 作为底肥。采用地膜覆盖栽培，地膜覆盖可促进种株早发根、早发棵，生长发育快，植株健壮，保水保肥，抑制杂草的生长，这样可提高种株结果能力，促进种果成熟，使种子饱满度高。定植密度根据制种的品种特性来确定，一般为行距 60cm，株距 50cm。

**5. 定植后田间管理**

定植以后应立即浇缓苗水，对新根发育有良好效果，到门茄开花前适当控水蹲苗。门茄瞪眼期结束蹲苗，及时浇水，视天气和植株生长情况，应每隔 5～7d 浇水 1 次，以经常保持土壤湿润，防止忽干忽湿。南方土壤含水量大，容易引起病害和烂果，也要及时排水，浇过水后，要将畦埂打开，以免雨水排不出去。少施缓苗费，多施果肥，结果前避免施用氮肥，避免茄苗徒长和落花，授粉后多施氮磷肥，促进果实膨大，提高种子质量。

危害南繁制种的虫害主要有：青虫、蓟马、白粉虱、潜叶蝇、红蜘蛛、茶黄螨等，病害主要有青枯病、立枯病、黄萎病等。由于南方病虫害严重，故病虫害以防为主，一般 4～7d 施用一次农药，喷药要求均匀，叶片正反面都要喷施，施用的农药时在不产生相互反应的前提下建议多种农药混施，也可以同时加入叶面肥。

**6. 采收**

茄子以嫩果为产品，及时采收达到商品成熟的果实对提高产量和品质非常重要。采收果实以早晨或傍晚为宜，以延长市场货架的存放时间。此茬口主要为茄子的南菜北运，因此采收后应当装箱或采用其他包装方式，防止茄子运输过程中果皮受损影响茄子的商品性。

# 第四章　茄子日光温室栽培技术

茄子从播种育苗到采收的整个生长过程都是在温室内进行的，其茬口安排主要有冬春茬、早春茬和秋冬茬3种。各地区茄子的茬口安排详见表2。

冬春茬：东北及内蒙古北部10月上旬育苗，翌年1月上旬定植，2月中旬上市，延至7月中下旬拉秧。华北、西北地区9月上中旬育苗，12月上中旬定植，翌年1月中下旬上市，延续至7月中旬。山东、河南等地8月中下旬育苗，11月中下旬定植，翌年1月上中旬上市，延续至7月上旬。

早春茬：育苗和定植期要比冬春茬茄子晚1个月左右。

秋冬茬，7月下旬育苗，9月下旬定植，10月上中旬扣膜，11月初上市，一直延续到翌年2月上旬，然后接早春茬，也可一直延续到4月末或5月初。

表2　日光温室茄子茬口安排

| 地区 | 茬口 | 播种期（月/旬） | 育苗方式 | 定植期（月/旬） | 始收期（月/旬） | 结束期（月/旬） |
|---|---|---|---|---|---|---|
| 华北地区（京津） | 秋冬茬 | 7/中下 | 遮阳网覆盖 | 8/下 | 11/中下 | 翌年1/上～2/上 |
| | 早春茬 | 11/上中 | 温室 | 翌年2/上中 | 3/中下 | 7/下 |
| | 冬春茬 | 9/上～10/中 | 温室 | 11/中～12/中 | 翌年1/上～2/下 | 6/下～7/上 |
| 黄淮海地区 | 秋冬茬 | 7/中下 | 遮阳网覆盖 | 8/下～9/上 | 10/下 | 翌年1/上中 |
| | 冬春茬 | 8/下～9/上 | 温室 | 10/下～11/上 | 12/下 | 翌年6/中～7/下 |
| 西北地区 | 秋冬茬 | 7/中下 | 遮阳网覆盖 | 8/下 | 11/中下 | 翌年1/上～2/上 |
| | 早春茬 | 11/上中 | 温室 | 翌年2/上中 | 3/中下 | 7/下 |
| | 冬春茬 | 9/上～10/中 | 温室 | 11/中～12/中 | 翌年1/上～2/下 | 6/下～7/上 |
| 东北和内蒙古地区 | 冬春茬 | 10/上 | 温室 | 翌年1/上 | 2/中 | 7/中下 |

# 一、冬春茬茄子栽培技术

## 1. 品种选择

品种选择首先要尽量在果形、颜色上符合市场的需求，其次必须是抗病、耐低温弱光的优良品种。

**2. 育苗**

冬春茬茄子提倡育大苗定植。华北地区育苗时间一般在 9 月上旬至 10 月上旬，定植时间在 10 月下旬至 12 月下旬，12 月下旬至翌年 2 月中旬开始采收，2～3 月开始形成产量高峰期，采收期一般延至 6 月下旬；根据茄子生长情况，也可延至 7 月中旬。

冬春茬茄子要经过冬季和初春的低温阶段，而嫁接苗耐低温能力强，根系发达，长势强。因此，这茬茄子提倡嫁接育苗。嫁接用砧木要适当早播，砧木托鲁巴姆比接穗（栽培品种）早播 25～30d，砧木赤茄比接穗早播 7d 左右。从砧木播种算起，育苗期分别为 115～120d、110～115d 和 95d，接穗比常规栽培要提前 10d 左右播种。

冬春茬茄子育苗期间，天气逐渐转冷，温度变化剧烈，白天气温高，夜间温度低，时有高温天气，特别是夜间覆盖后形成高夜温，茄苗很容易徒长，有时夜间防护不善，还会受到低温冷害。因此，在温度上严格管理，种子出土期间尽量使土温达 20℃以上，至少要达 18～20℃，白天气温保持在 28～30℃，夜间 20～25℃。当 70%～80% 的幼苗拱土时揭去地膜，并开始通风降温，使气温白天保持 20～25℃，夜间 15～17℃，早晨最低气温 8～9℃，土温 20℃以上。要特别注意防止夜温过高。当真叶开始出现后，温度再适当提高，白天保持气温 26～28℃，夜间 13～20℃，翌日早晨最低达 10℃左右，土温 13℃以上，以有利于培育壮苗。当第一片真叶展平到移植，此时幼苗不断生出新根，幼苗生长加快，要防止地上部分徒长。白天室内气温控制在 22～26℃，夜间 10～15℃，土温在 15℃左右。

因育苗时间长，若幼苗缺肥，可用 0.2% 磷酸二氢钾或 0.3% 尿素充分溶解后叶面喷施。定植前 3～5d，用杀灭菊酯 2 000 倍液、或三氯杀螨醇 1 000 倍液、或百菌清 600 倍液进行叶面喷施，以防治蚜虫、茶黄螨和霜霉病等。

冬春茬茄子适于大苗定植，适宜的苗龄为 8～9 片真叶并带有花蕾。宜在晴天上午定植，以利于缓苗。

**3. 定植**

**（1）温室消毒**　整地前温室要先进行消毒，每亩用硫黄 1 kg，加 80% 的敌敌畏 200 g，与 2 kg 锯末混匀，分几处点燃，封闭温室 1 昼夜，随后通大风排出毒气。也可利用 7～8 月日光温室休闲期的高温条件，深翻土后覆地膜并闭棚，膜下可达 50℃以上的高温，经 15～20d，可以消除一部分或全部根结线虫及枯萎病菌和黄萎病菌等土传病虫害。

**（2）整地做畦施基肥**　整地施肥要在定植前 1 周以前进行。冬春茬茄子生长期长，产量高，故底肥要足。一般每亩施腐熟鸡粪 5 000 kg，或腐熟的牛粪、人粪尿等 8 000 kg。再撒施氮、钾肥或氮磷钾三元复合肥 100 kg。施用的农家肥一定要充分腐熟发酵。施肥后深翻 30～40cm，耙平，使肥料与土壤混拌均匀。整平畦面后做成南北向小高畦，畦宽 70～80cm，高 20cm，畦间宽 50cm，畦中间开一小沟，覆盖地膜后可用来浇水。

采用小高畦栽培的，可将充足的底肥集中翻整于畦内，覆膜后土壤松软，地温升温快，有利于根系发育；并能控制浇水，减低棚内湿度。

**（3）定植期与密度**　冬春茬茄子应在最寒冷的冬季来临前 1 个月左右定植，争取在最低温来临前完成缓苗生长期，并开始着果。一般都在 10 月下旬至 12 月中旬定植。若在 12 月下旬至翌年 1 月中旬期间定植，因常有强寒潮，温度低，缓苗慢，甚至由于土温长期较低，幼苗有受冷害的可能，秧苗迟迟不长。因此，要加强防寒保温。

定植密度：大小行垄栽时，小行距 40～50cm，大行距 60～80cm，株距 35～50cm，每亩栽 2 500～3 000 株。

**4. 定植后的管理**

**（1）温度与光照的管理**　茄子喜高温，苗期抗寒能力弱，定植至缓苗前一般不通风。温度低时，晚上要扣小拱棚等，以提高温度，促进缓苗；白天揭开小拱棚。缓苗期白天室温可控制在 28～30℃，夜间最低室温保持在 13℃以上，地温 15℃以上，以加快生根缓苗。定植后 5～7d，秧苗心叶开始生长，表明已生出新根，已缓苗。缓苗后白天气温保持在 25～30℃，中午短期 35℃也可不通风；夜间气温保持在 15～20℃，最低可至短期 10～13℃。这个时期的通风是在温室脊部扒小缝排湿换气。

开花结果前期，外界气候正值严寒季节，气温低，光照不足，在管理上要以保温增光为主。白天气温保持在 25～30℃，当棚温超过 30℃以上时，可进行小通风换气降温，棚温降至 25℃以下时，及时关闭风口；夜间加强保温，使棚内气温维持在 15～18℃，凌晨最低气温不低于 10℃；土温保持在 15℃以上，不能低于 13℃。阴雨天温度管理可比常规管理低 2～3℃。阴雨天、雪天也要揭开草苫见光，可晚揭早盖。若遇灾害性天气，如外温很低的雪天，才不揭开草苫。但忌 2～3d 不揭草苫，并要及时清扫棚膜上的积雪。持续阴雪雨天气后暴晴，阳光较强，中午要及时盖草苫遮阳，防止植株失水萎蔫。

进入 2 月，天气开始回暖，温室内气温、地温逐渐上升，阴雪天气渐少，阳光也渐充足，植株生长逐渐加快，开花数量增多，白天要逐渐早揭苫子和保温被，保持室温 20～30℃。下午室温降至 20℃时关闭通风口，并提早盖上草苫子或保温被保温，把夜间最低室温保持在 10℃以上。

随着外界气温的逐渐升高，要加大通风量，延长通风时间。白天早揭和晚盖草苫子和保温被。外界气温夜间稳定在 12℃以上时，夜间可不盖草苫子；

外界夜温稳定在 15℃以上时，打开后墙口和顶风口进行昼夜大通风。

近年来，北方雾霾天气严重且时间长，温室内光照强度不足，应在温室后墙及山墙上张挂镀铝聚酯反光幕；同时经常保持棚膜清洁，以增加温室内光照强度，提高室内气温和地温，防止出现短花柱花和畸形果。张挂反光幕的方法是：上端固定，下端垂直地面，离地面 20cm 左右；晴天早、晚和阴天光线较弱时张挂，中午光较强时和夜间卷起，使白天后墙和山墙多吸收热量，夜间散热升高室温，充分发挥其补光增温的作用。

**（2）追肥** 在底肥施足的情况下，定植后到门茄瞪眼（核桃大时）前，温度较适宜，一般不需追肥。门茄瞪眼时进行追肥，但是门茄膨大初期室温仍然偏低，光照较弱，植株生长发育不快，所以，虽然从生育阶段上看已是需肥高峰，但是追肥不宜过大，且以氮、磷肥为主，每亩随水追施腐熟鸡粪 400 kg 或尿素 10～15 kg，磷酸二铵 5 kg。12 月至翌年 2 月初，因低温茄子生长缓慢，每 15～20d 随水追肥 1 次，可用尿素、硝酸铵、硫酸铵或三元复合肥，每亩追施 15～20 kg。2 月中旬以后，外界气温逐步回升，日照增长，采收逐次增多，应加大施肥量，每亩每次追施尿素 20～25 kg 或三元复合肥 30 kg，也可追施饼肥 40 kg。在结果盛期，每亩加施硫酸钾 10 kg，并增施叶面追肥。从茄子进入开花结果期开始进行叶面追肥，以促进植株的生长和开花结果。可每隔 15d 喷一次 0.2% 的尿素和 0.3% 磷酸二氢钾混合液，或喷施保利丰等。

**（3）水分的管理** 定植时，浇足定植水。缓苗后浇 1 次缓苗水，灌水量不能过大，以茄苗附近土壤润湿为准。一般在门茄瞪眼前不浇水，只有发现土壤水分不足时才浇小水。这期间应多次中耕畦沟，适当通风排湿，促进根系生长：在门茄瞪眼时开始浇水。但 12 月至翌年 2 月初，因气温低，茄子生长缓慢，耗水量小，这期间温室通风又少，因此，浇水量要小，以防降低地温和增加空气湿度。一般以 15～20d 浇 1 次水为宜。浇水均采取膜次管滴灌或膜下暗灌，以降低温室内空气湿度。2 月中旬以后，外界气温逐渐回升，日照增长，植株果实生长加快，应逐步加大浇水量。3 月中旬后温度升高，当地温达到 18℃以上时，每隔 7～10d 浇 1 次水。若是采用膜下暗灌，明沟也要灌水，灌水后要大通风排湿。一般浇水宜在晴天上午进行。

**（4）植株调整** 冬春茬茄子栽培，光照弱，通风量小，如果不进行整枝，中后期很容易徒长，只长秧不结果，且通风不良，易发生病害。目前较多采用的是双干整枝。双干整枝是只留主枝和第一花序下第一叶腋的一个较强的侧枝，其余的侧枝全部去掉。茄子整枝后，茄秧持续生长，为防倒伏和减少遮光，需用尼龙绳吊秧，同时摘除下部老叶，改善光照条件和增加空气的流通，促进果实生长，减少病虫害的发生。

### （5）落花落果及畸形果的防治

落花的防治：日光温室冬春茬茄子栽培，在冬季和初春，由于光照不足，温度低，通风量小，湿度大，极易引起落花落果，产量降低。因此，采取有效措施进行保花，是冬春茬茄子生产成功的关键因素之一。茄子落花原因很多，除花器构造缺陷如短柱花外，营养不良、光照不足、温度过低（15℃以下）或过高（38℃以上）、通风透光不良、长时间的低温、弱光，病虫危害等都可造成落花。尤其是北方地区早春的持续低温或阴雨，会妨碍花粉的发芽；早春多风、空气干燥，会影响正常的授粉受精；夏季38℃以上高温使得花粉生活力减弱，造成授粉受精不良。茄子早期开花数量不多，落花是造成早期产量不高的重要原因之一。防止落花，应首先从培育壮苗、保护根系、提高定植质量做起，加强田间管理，改善植株营养状况，调节营养生长与生殖生长平衡。此外还可以使用生长调节剂有效地防止早春定植后因环境条件不适而引起的落花。

常用的植物生长调节剂有以下几种：一是番茄灵或防落素。使用浓度为30～50 /kg。这两种激素既可用做蘸花，也可用小喷壶喷花。二是沈农番茄丰产剂2号，每瓶（10mL）对水1L，蘸花或喷花。三是2,4-D，使用浓度为20～30 mg/kg。气温低时浓度高限，气温高时用浓度低限。涂花的方法是用毛笔蘸上配制好的药液，涂抹于花柄上。也可进行浸花，将配制好的药液装在小碗内，然后把花浸到药液中，浸到花柄后立即取出，并把花柄上多余的药液抖落掉，以防止花果上2,4-D溶液浓度大而造成畸形果。2,4-D不能用于喷花，以防损害幼嫩枝叶和生长点。

激素使用浓度与温室内的温度有关。气温高时，激素浓度要适当小些；气温低时，激素浓度要适当大些。蘸（喷）花要在茄子开花前后2d进行，选晴天上午无露水时处理为好。使用生长调节剂的最佳时期是含苞待放的花蕾或花朵刚开放时，对未充分长大的花蕾和已凋谢的花进行处理效果不大。应用生长调节剂处理花朵后，所结的果实大多数没有种子，因此，留种田不可使用。

使用激素时，药液最好随用随配，注意不要重复蘸花或喷花。1朵花只能蘸（喷）1次。为了避免重复蘸花，在激素溶液中可加入少量色素（红墨水）做标记，以免因重复蘸花而造成药害，导致出现畸形果和小僵果。

畸形果的防治：在茄子生产中常出现畸形果，常见的有石茄、双身茄、裂茄、无光泽果和着色不良果等。

石茄，又称僵茄。果实外观细小，质地坚硬，口感差。形成的原因主要是开花期遇到低温或高温，日照不足，造成花粉的发芽伸长不良，不能完全受精，形成单性结实。若植株生长过旺，即使用生长调节剂也容易变成石茄。这是因为同化养分都分配给了生长旺盛的茎叶。若植株生长弱，如果用生长调节剂处理，使单株座果数过多，分配到每个果的同化物质少，结的果实也会成为石茄。此外，在肥料浓度高、水分不足的环境下生长的植株，同化养分减少，也会产生很多石茄。

双身茄是由于肥料过多引起的。即除满足生长点发育所需要的养分外，仍造成营养过剩，使细胞分裂过于旺盛，形成双子房的畸形果。如在花期遇到低温或生长调节剂施用浓度过大，均易形成多心皮的畸形果。

裂茄：有果裂、萼裂两种。萼部破裂多是因激素浓度使用过大、或多次反复施用、或中午高温时施用所致。生长过旺的植株发生的也较多。果裂的原因有两种：一是由茶黄螨为害幼果，使果实表皮增厚、变粗糙，而内部胎座组织仍继续发育，造成内长外不长，导致果实开裂。这种果实质地坚硬，味道苦涩。二是在果实膨大过程中，由于干旱后突然浇水或降水，果皮生长速度不如胎座组织发育得快而造成裂果。

无光泽果：多发生在果实后期，土壤干旱缺水时，植株向果实中输送的水分不足，形成暗淡无光泽的劣果。

着色不良果。紫色茄子由于色素在表皮下的细胞中积累，逐步表现为紫色，而色素的形成和积累与光线有关。种植密度过大，光照弱，特别是在不透紫外线的塑料棚和薄膜日光温室中容易形成着色不良的果实。

**5. 采收**

冬春茬茄子栽培，在严冬和初春季节气温较低时，很易在果实座住后引起植株营养不良，因此，门茄要及时采收。根据市场需要，对茄和四门斗也可早摘，以增加经济效益。

茄子采收的标准是看"茄眼"的宽度。"茄眼"是萼片与果实相连的地方，有1条白色到淡绿色的带状环。如果这条环带宽，表示果实正在迅速生长，不宜采收；若这条环带逐渐趋于不明显或正在消失，表明果实的生长转慢或果肉已停止生长，应及时采收。

茄子采收的时间最好是在早晨，其次是傍晚，而不要在中午气温高时采收。因为果实表面的温度在早晨要比其周围的气温低，果实显得新鲜柔嫩，有光泽，且有利于贮藏运输。中午时果实表面的温度反而比周围的气温高，果实的温度高，则呼吸作用大，营养物质的消耗多，采收后品质容易变劣，不耐贮藏与运输。采收的方法是用剪刀或刀子齐果柄根部采下，不带果柄，以避免在装箱运输过程中刺伤果皮，影响果实的外观品质。

# 二、早春茬温室茄子栽培技术

华北地区早春茬温室栽培茄子一般是11月播种，翌年1月下旬至2月上旬定植，3月中旬始收，到6～7月结束。或在夏季剪截再生，延后栽培至初冬。

**1. 品种选择**

宜选用耐寒、早熟、高产和抗病能力较强的品种，果实形状和颜色应与消费者的习惯相一致。

**2. 育苗**

日光温室早春茬茄子育苗的播种期一般在 11 月上旬至下旬的 1 个月范围内，育苗期是一年中温度最低、光照最弱的季节，要利用加温温室或节能日光温室育苗，也可以再普通日光温室内铺设地热线加温育苗。

播种覆土后在苗床上面盖地膜保湿保温，并在育苗盘、苗床上面搭小拱棚，白天揭开，晚上盖严。整个苗床播种后密闭保温。出苗前白天室温保持在 25～30℃，夜间 20℃左右，地温在 16℃以上。70%幼苗出土时揭去地膜，苗出齐后，白天室温保持在 22～26℃，夜间 13～18℃，以防小苗徒长。子叶展开后及时间苗。第一片真叶展开时要适当提高气温，白天保持在 25～28℃，夜间 15～20℃。第二片真叶展开后将气温控制在子叶期的温度范围内。育苗期间可在苗床北侧张挂反光幕以增加光照。定植前 5～7d 要加强通风，低温炼苗。

**3. 定植**

早春茬茄子多育大苗定植。即在苗龄 80～100d、苗高 20cm 左右、7～8 片叶、而且第一花蕾大部分已出现时定植。

**（1）整地施基肥**　早春茬茄子一般是在秋冬茬生产结束后进行的。将前茬作物拉秧后，清除地面上的残株杂草，每亩施腐熟优质农家肥 7 500 kg、磷酸二铵 40 kg 作基肥。2/3 撒施，深翻 30～40cm，按行距 50～60cm 开沟；1/3 基肥施入沟中，然后做畦（垄），畦（垄）上覆盖地膜。也可整平畦面后做成高畦，宽 70cm，高 20cm，间距 40cm，畦上采用膜下滴灌。

**（2）定植方法**　早春茬茄子于 1 月下旬至 3 月初定植。具体时间根据温室保温性能及当地气候条件而定。早熟品种的株距 30～40cm，中晚熟品种的株距 40～50cm。大小行定植，大行距 70～80cm，小行距 50～60cm。

**4. 定植后的田间管理**

**（1）温度管理**　定植初期外界气温低，管理的重点是密闭保温促进缓苗。为了提高地温，促进发根，定植后可扣小拱棚，白天揭，夜间盖。使夜间温室内最低气温保持在 10℃以上，最低地温保持在 13℃以上。白天气温超过 35℃以上时才通小风。心叶开始生长表明已缓苗，此时要逐渐通风降温，白天室温保持在 25～30℃，夜间 15℃以上，早晨最低温度要在 10℃以上，促根壮秧。从开始开花到门茄坐果期，外界气温仍然很低，管理重点是提温保花，晴天白天室温保持在 20～30℃，阴天 20℃以上；夜间盖保温被、草苫子或棉被等，保持最低室温在 10～13℃。

随着外界气温的升高，通风量也要逐渐加大，通风时间也要延长。此时植株已进入结果期，门茄开始生长，白天室温保持在 5～30℃，夜间最低气温15℃左右。当外界最低气温达 10℃时，白天可通肩风，尽量不通底风，撤掉草苫子等覆盖物。当外界最低气温稳定在 15℃左右时，进行昼夜大通风。

**（2）肥水管理** 缓苗后浇 1 次缓苗水。门茄长到 3～4cm 大小时，即门茄瞪眼前，一般不施肥浇水，明显干旱可浇 1 次小水。门茄瞪眼后，果实膨大速度加快，这时就要开始追肥浇水，每亩随水冲施尿素 20 kg，或复合肥 15～20 kg。水量以能润湿畦面或垄面为准。浇水不能过大，否则，地温过低，不利于植株和果实的正常生长，而且易发生黄萎病。门茄采收一两次后，外界气温已高，茄子进入盛果期，结合灌溉每亩施尿素 20 kg，以后每7～10d 浇 1 次水，同时每亩施磷酸二铵 20～25 kg。也可每亩追施磷酸铵 30 kg。有条件可以农家肥与化肥交替施用，并适当追施钾肥。灌水量以湿润全部地面为准。灌水后加大通风量，降温排湿。结果期结合喷药用 0.3 ％的磷酸二氢钾和 0.5％尿素液叶面喷施，每 15 天喷 1 次。有条件的地方，在门茄坐果后可增施二氧化碳。

**（3）植株调整** 早春茬日光温室茄子由于密度大，枝叶繁茂，通风透光不好，应及时进行整枝去叶，改善植株间的通风透光条件，加速结果。双干整枝留 5 个茄子或 7 个茄子，即 1 个门茄，2 个对茄，2 个四门斗和 2 个八面风。

在植株生长过程中，摘除下部老叶、枯叶，改善光照条件和增加空气的流通，促进果实发育，减少病虫害的发生。

日光温室早春茬茄子栽培前期气温低、光照弱，为防治落花和畸形果的发生，提高坐果率，促进果实膨大，必须用植物生长调节剂蘸花。

# 三、秋冬茬日光温室茄子栽培技术

## 1. 品种选择

日光温室秋冬茬茄子生育期的气候特点是由高温到低温，日照由强变弱。因此，首先应选用抗病毒病、枯萎病和褐纹病等病害能力强的品种，其次是选耐低温、耐弱光、果实膨大较快的早中熟品种。

## 2. 育苗

**（1）适期播种** 华北地区一般在 7 月中下旬播种育苗，苗龄 40～50d，8 月中下旬至 9 月上旬定植，部分地区近年采将播种期提前到 6 月中旬至 7 月初，也取得了高产高效，但必须选好抗病品种和严防病毒病的发生。

**（2）育苗床的准备** 这茬茄子育苗正处于高温多雨季节，高温多湿和强烈的光照条件对幼苗生长十分不利。同时，这段时期也极易发生病毒病、褐纹病、枯萎病和黄萎病等病害。因此，对苗床必须进行遮阴防雨。苗床宜选在覆盖有旧棚膜和遮阳网的大棚内，或选择排水良好的地方做高畦苗床，在上部搭一个1～1.5 m高的棚架，四周盖防虫网，在顶部盖旧塑料膜防雨，再在塑料膜上盖遮阳网或草苫，做成四面通风、上面防雨遮阴的育苗棚，保湿降温，以防高温危害。

有条件的地方最好采用无土穴盘育苗。采用苗床育苗，不宜施入太多的农家肥。因为育苗时气温和地温都较高，农家肥有机物过多，使床土发热，更不利于根系发育，而且极易形成土壤缺水干旱。同时这茬茄子苗龄较短，需用肥料有限，而且地温高，土壤微生物活动旺盛，土壤中释放的养分较多，因此，做成苗床后，每平方米铺60～70 kg过筛的腐熟农家肥和加少量的生石灰即可。然后喷洒3 000倍液的氟胺氰菊酯加800倍液50%的多菌灵进行土壤消毒。消毒后将土粪搅拌均匀，耧平浇透水。也可每平方米苗床施磷酸二铵或三元复合肥150 g，辛硫磷5 g，50%多菌灵可湿性粉剂10 g，施后拌匀，做成1.5～2 m宽的高畦。

**（3）浸种催芽**　用0.2%高锰酸钾浸泡10min。捞出用清水洗净，再用55℃热水浸种30min，在浸种过程中不停地搅拌。在30℃温水中浸泡7～8h，沥干后置于室内催芽或播种。催芽时每天用清水冲洗1～2次，5～6d种芽萌动时即可播种。

**（4）播种**　夏季高温期要选择早晨或傍晚播种。播种前浇底水，待水全部渗下后播种，然后覆1cm厚的细土，再在畦面育苗盘上面盖上遮阴网后浇水，或覆盖湿稻草、报纸，起到遮阴、保墒、防晒的作用。

**（5）苗期管理**　苗期管理的重点是遮阴、防雨、防病虫、防徒长。从播种至定植，对遮阴物要按天气情况灵活揭盖，避雨淋及水涝。播种后将畦面或育苗盘覆湿遮阴网、湿草、湿报纸保墒、防晒。出苗后，立即去掉覆盖物。

真叶展开以后，在傍晚浇小水降低地温和气温，调节局部小气候。在施足基肥的基础上，一般不追肥。若发现苗期缺肥时，可用0.2%尿素和0.3%磷酸二氢钾混合液叶面喷施，或用磷酸二氢钾与尿素的等量混合液500倍液浇灌。5～7d施用1次。

苗期要抓好防虫防病，可在出苗后7～10d喷1次乐果消灭蚜虫，每隔7d喷1次病毒A或抗毒剂1号300倍液，或1.5%植病灵乳剂1 000倍液。并用多菌灵每平方米8 g配制的药土进行护根，预防茄子黄萎病。当幼苗2～3片真叶展开时，叶面喷洒500～800 mg/kg矮壮素，以防幼苗徒长。

**3. 定植**

**（1）温室消毒**　把前茬作物的残枝落叶清理干净，在定植前2～3d进行消毒。在傍晚点燃烟熏剂，密闭温室，熏烟1昼夜。第二天打开通风口排除烟雾和毒气。这种方法对真菌、病原菌和一部分害虫具有良好的杀伤效果。

（2）**整地做畦施基肥**　茄子是深根性作物，深耕土地有利于茄子的根系正常发育。底肥要施足，每亩撒施腐熟农家肥5 000kg，磷酸二铵40kg，碳酸氢铵100kg，并加施50%的多菌灵可湿性粉剂2.5kg进行土壤消毒。然后深翻30～40cm，行距60～80cm起垄或做畦。

（3）**定植期与密度**　苗龄40～50d、茄子秧苗长到5～7片真叶时，于8月中下旬至9月上旬定植。定植密度根据选用的品种和栽植方式不同而异。植株高大而开张的宜稀，株型紧凑宜密些。一般垄上双行种植，株距40～50cm。

（4）**栽培方法**　定植前1d，把苗床或穴盘浇透水，起苗时尽可能不伤根或少伤根。要起大坨进行定植，选阴天或晴天下午进行。定植时按株距摆苗，并将相邻的两行互相错开，以利于通风透光。定植后及时浇水。

**4．定植后的管理**

（1）**温度与光照的管理**　定植后的生育前期正值高温、多雨、光强季节，此时在环境管理上主要是减弱光强，降低温度，保持一定湿度。这时旧棚膜可起遮光降温防晒的作用，同时在棚膜外覆盖遮阴网，并根据天气情况灵活揭、盖。此外，要充分利用日光温室上下风口的高度差昼夜通风降温，并在傍晚适当灌水，保持土壤经常湿润。

当白天最高气温降到20℃、夜间最低气温在15℃左右时，要及时时更换新棚膜或扣棚保温。晴天白天室内气温不超过30℃，阴天20℃以上，夜间最低气温13～15℃。当外界最低气温降至15℃时，夜间要关闭通风口。温室内最低气温低于15℃时，要及时加盖草帘、保温被。随着外界温度的逐渐降低，要进一步增加覆盖物进行内外保温，必要时进行临时补温，使温室内夜间最低气温保持在10℃左右。从11月开始，温室内光照逐渐减弱，需要采取各种措施来增加光照。首先，要经常消除棚膜上的灰尘及杂物，保持棚膜的清洁，以提高其透光率；其次，在温室北侧张挂银色反光幕，提高弱光期温室内的光照强度。

（2）**肥水管理**　定植后及时浇足定植水，定植4～5d后浇1次缓苗水，其后不旱不浇水，进行蹲苗管理，促进根系的发育。

门茄开花座果期间一般也不浇水、不追肥，以"壮秧坐果"为管理目标。门茄有一半左右坐住果时结束蹲苗，每亩随滴灌追施三元复合肥25 kg。追肥滴灌水量以能湿润垄面为准，水量不宜太大。以后根据土壤温度情况每15～20d浇1次水，而且在12月中旬至翌年1月下旬或2月初拉秧时减少浇水量，以防降低地温和增加空气湿度。

门茄采收时每亩随水施入尿素20 kg。门茄采收后进入旺盛结果期，外界气温已明显下降，植株和果实生长逐渐减慢，栽培管理的目标应当是保秧促果。门茄采收完后再每亩随水施入尿素 20 kg，以后每层果坐住后，随水追 1 次肥，每亩每次追施尿素 15 kg，或复合肥 20 kg。结果期结合喷药用 0.2% 的尿素和 0.3% 磷酸二氢钾液叶面喷施，每 15d 喷 1 次。

（3）**植株调整** 秋冬茬茄子栽培后期光照弱、温度低，因通风量小、室内湿度较大。为了增加通风透光率、提高座果率，一般主用双干整枝法，去掉其余的侧枝、腋芽和下部老叶，并用尼龙绳吊枝，防止倒伏，减少遮光。由于定植后温度较高，易引起植株徒长，根据植株的生长情况，在缓苗后可再喷 1 次矮壮素，促使壮秧早结果。

**5. 病虫害防治**

日光温室秋冬茬茄子栽培中的主要病害是褐纹病、绵疫病、黄萎病，主要虫害是蚜虫、红蜘蛛、棉铃虫和菜青虫。

# 第五章　茄子塑料大棚栽培技术

塑料大棚茄子栽培有春季早熟栽培、秋延后栽培两种栽培形式。春季大棚栽培茄子上市期比露地栽培提早 30～40d，秋季大棚栽培茄子又可延后 40d 以上上市，效益明显优于露地栽培。

东北北部及内蒙古北部，1月上中旬育苗，3月上中旬扣棚，4月上中旬定植，5月上中旬上市，供应期可延续到7月末。东北南部、华北及西北地区，育苗、定植时间可比上述地区提前 10～15d 以上。华东和华中地区，育苗、定植时间可再提前 10～15d。大棚秋延后栽培，东北中南部6月上旬育苗，8月上旬定植，9月下旬上市直至11月上旬。华北、西北地区6月上旬育苗，8月上旬定植，10月上旬至11月下旬拉秧。华东、华中及中南地区，7月上旬育苗，8月下旬定植，10月下旬至12月下旬拉秧。

**表 3　塑料大棚茄子茬口安排**

| 地区 | 茬口 | 播种期（月/旬） | 育苗方式 | 定植期（月/旬） | 始收期（月/旬） | 结束期（月/旬） |
|---|---|---|---|---|---|---|
| 华北地区（京津） | 春茬 | 12/中下 | 温室、大棚、改良阳畦 | 翌年 3/下～4/上 | 5/中 | 8/上 |
| | 秋茬 | 7/中 | — | 8/下 | 10/中下 | 11/上 |
| 东北地区 | 春茬 | 1/上中 | 温室 | 4/上～5/上 | 5/中～6/上 | 7/下～10/下 |
| 黄淮海地区 | 春茬 | 12/上～翌年 1/上 | 温室、大棚、阳畦 | 3/中～4/上 | 5/中 | 7/下 |
| 长江中下游地区 | 春茬 | 10/上～11/上 | 大棚＋小棚＋草帘 | 翌年 2/上～3/上 | 4/下～5/上 | 7/下 |
| | 秋茬 | 5/下～7/中 | 遮阴防雨 | 7/中～8/中 | 9/下 | 12/下 |

# 一、塑料大棚春季早熟栽培技术

### 1. 品种选择
选用早熟、抗病、耐寒性强、座果早和座果率高的品种。

### 2. 培育壮苗
适宜播种期应根据大棚的保温条件、不同品种等来确定。播种太早，苗龄过长，定植后缓苗慢，而且门茄不易座果；播种过晚，苗龄短，植株小，则早熟目的难以达到。塑料大棚春季早熟栽培采用温室育苗，苗龄一般 90～100d，以幼苗具 7～8 片真叶、70％以上植株现小花蕾时定植为宜，华北地区单层棚一般 12 月下旬播种，翌年 3 月下旬定植；多层覆盖或加温大棚的提前 10d 左右播种，3 月中旬定植。近年来，长江流域采用"三膜一帘"（大棚＋小棚＋地膜＋草帘）覆盖栽培，将播种期提前到 9 月下旬至 10 月中旬。

定植前 7～10d，对茄苗进行低温炼苗，使其适应早春大棚内温度低、昼夜温差大的环境。白天加大通风量，并控制浇水，提高幼苗的抗逆能力。定植前 1～2d 浇 1 次水，以利于起苗。同时用 0.3％磷酸二氢钾加 800 倍液乐果进行叶面追肥和防虫。

**3. 定植**

**（1）定植前的准备**　无前茬作物的大棚，于上年秋冬季将土壤深翻晒垡，可消除病菌。在定植前 20～30d 扣好棚膜不通风，提高地温和棚温，尽快化解冻土层，有前茬耐寒性蔬菜时，应提前 10d 左右腾地，深翻晾晒，结合翻地每亩施优质农家肥 5 000～8 000 kg（鸡粪、猪粪、牛粪等），三元复合肥 30～50 kg。沿东西方向做畦或起垄，畦宽 100～120cm，垄宽 50～60cm。

**（2）定植适期**　各地应以大棚内气温和地温为准。当棚温不低于 10℃，10cm 地温稳定在 12℃以上时，为适宜定植期。选晴天上午定植。一般京津冀地区于 3 月下旬定植，东北、西北和华北北部地区于 4 月下旬至 5 月上旬定植，长江流域于 2 月下旬至 3 月上旬定植。

**（3）定植密度**　一般行距 60～70cm，株距 40～50cm，每亩栽 2 000～2 500株。

**（4）定植方法**　一般采用垄上覆膜，膜下滴灌的栽培方式。垄上双行栽培，按行株距打孔后定植，把苗坨放入栽植穴中，土坨上表面低于地表 1cm 左右，但嫁接苗的接口要留在地面上 3cm 左右。把土坨用潮土埋没 1/3 左右后浇水，待水渗干后封埯，把栽植穴周围的地膜用土埋严，防治外面空气进入膜下，否则易长杂草。开沟定植的采用浅栽高培土的方法，有利于提高地温，促进发根缓苗。

**4. 定植后的管理**

**（1）温度管理**　定植后 1 周内的管理要点是防寒保温，提高地温，实行闭棚，促进发根缓苗。最好进行小拱棚、棚内加双膜等多层覆盖，白天打开多层覆盖膜，可提高棚温至 35℃，但不能较长时间（1h 以上）超过 35℃，否则，对花器官发育有害。夜间在棚外加草苫围栅防寒。缓苗后中耕蹲苗，提高地温，促进根系生长，并逐渐通风，调温控湿，增加光照，白天温度保持在 25～30℃，夜间 15～18℃。寒冷晴天一般上午 10 时至下午 3 时通风，阴雨天气中午前后通风 2～3h。门茄采收后外界气温升高，要加大通风，通风的时间应适当提前，通风口由小到大。外界夜温达 15℃ 以上时，昼夜通风。当外界温度稳定在 22℃ 以上时，可逐渐拆去棚膜或只留顶膜，并在棚膜上覆盖遮阳网。

**（2）肥水管理** 定植当天浇足定植水。沟栽的从定植后 2～3d 进行中耕培土，提高地温。5～7d 新根发出，心叶展开表明已缓苗，浇 1 次缓苗水。浇缓苗水的同时每亩可追施尿素 25 kg。开花前基本不再浇水，适当控水。特别是地膜覆盖栽培，盖膜后土壤深层水分上移，如浇水过多，土壤湿度偏大，土温上不来会导致僵苗的发生。结合中耕进行蹲苗，防止植株徒长，造成落花。门茄瞪眼后（即能看见小茄子时），应及时浇水追肥，促进茎叶生长、果实膨大。每亩施硫酸铵 20 kg 或尿素 10～15 kg。以后 7d 左右浇 1 次水，保持土壤湿润状态。盛果前期追肥 3～4 次，保证中后期植株不早衰。浇水后要及时通风，降低棚内湿度。拆棚后注意雨后排涝。

**（3）植株调整** 要及时去掉门茄以下的老叶及腋芽。在四门斗后，有些地区在"八面风"现大蕾后，在花蕾上部留 2～3 片叶摘心，有利于早熟丰产和上部果实膨大。并及时摘除腋芽。中后期摘掉下部病、老、黄叶，以利于通风透光，减少养分消耗，促进果实生长发育。

**5. 防治落花落果**

春大棚茄子定植早，气温常低于 15℃ 以下，加之光照不足，易引起落花落蕾和形成畸形果。在开花时采用 30～40mg/kg 2，4 - D 溶液或 40～50mg/kg 的番茄灵溶液，用毛笔涂抹在花萼或花柄上，可防止落花，促进果实膨大。施用保花保果剂，可在药液里加入 1% 的速克灵或 1% 的百菌清，对果实的灰霉病、菌核病、绵疫病有一定的防效。

**6. 病虫害防治**

大棚茄子春季栽培易发生灰霉病、褐纹病、绵疫病及黄萎病。注意杀灭红蜘蛛、蚜虫、茶黄螨等害虫。

**7. 及时采收**

茄子以嫩果为产品，必须适时采收。从开花到果实成熟一般需 20～25d，塑料大棚早春栽培一般前期茄子价格行情较好，在保证商品果特性的情况下应适当提早采收，争取前期的经济效益。华北地区的始收期在 5 月中旬，西南地区的始收期在 4 月中旬。每 2～3d 即可采收 1 次，7 月中下旬拉秧结束生长。

# 二、茄子塑料大棚秋延后栽培技术

茄子秋季栽培由于育苗期温度较高，结果期温度又较低，较不适宜茄子的生长，栽培难度较大。

**1. 茬口的安排**

茄子黄萎病、青枯病等土传性病害较为严重，因此，合理安排茬口是保证秋茬茄子高产高效的基础。为防止茄子重茬病害的发生，合理的轮作，建议有条件的农户选择 5 年之内没种过茄子的大棚，如果没有轮作条件，可以采取茄子嫁接技术来防治土传性病害。

**2. 品种的选择**

茄子秋茬栽培过程中，由于气候的原因对品种的选择相对要求较高，除具有产量高、连续坐果能力强和抗病性强等特点外，还要求该品种具有耐热和耐低温弱光的特性。另外，还要兼顾市场的需求，例如，津京地区除了考虑圆茄外，还可以考虑种植南方长茄品种，待秋冬上市时可以获得较高价格，以期能够获得较高的经济价值。

**3. 育苗**

**（1）播种期的确定**　根据当地气候条件适时播种，一般京津冀地区在 7 月中旬播种，采取有遮阴网的小拱棚或纱棚。长江中下游地区一般在 5 月下旬到 7 月中旬播种，采取具有遮阴网和防雨措施的小拱棚中育苗。

**（2）育苗的准备和营养土的配制**　一般采用穴盘育苗，然后把穴盘放在育苗床上，也可以选择直接在露地育苗床上育苗。一般选择 5 年内没种植过茄子且地势较高、四周有良好的灌溉、排水条件、土质渗水快的地块建立育苗床。育苗床要求用撑杆或竹竿搭纱棚，防止白粉虱、蚜虫等害虫的危害。育苗床周围备上薄膜和遮阴网，夏季育苗期间，薄膜能起到防雨的作用，强光照天气条件下，中午覆盖遮阳网可降低苗床地温 5～7℃，降低气温 3～4℃。

营养土可用草炭：蛭石按照 2：1 的比例混匀配制，加入适量的磷酸二铵或复合肥，捣碎，充分混合，最后加入 80% 多菌灵粉剂及杀虫剂混匀，制成育苗营养土，营养土装盘备用。

**（3）种子的处理和催芽**　茄子种子在 55～60 ℃的热水中不断搅动至室温，再浸泡 10h 左右。茄子发芽较慢，而且不整齐，有条件可采取变温处理，保持 25～30℃ 16h，20℃ 8h 相交替，可使种子发芽整齐、粗壮。

**（4）苗期的管理**　秋茬茄子育苗期间温度较高，苗龄一般 30～40d，因此，采用 50 孔或 72 孔穴盘育苗不需要分苗。从播种到出芽前应当浇足水，尤其注意检查穴盘边行，干后及时补水，夜晚可以覆盖薄膜。待出苗到长出真叶前，注意适当控水，防止茄子苗猝倒，此时期只浇清水，真叶长出后应该适当加大浇水量，浇水过程中可以根据茄苗情况，加入生根肥、杀菌剂等。利用好遮阳网和薄膜来控制苗期温度。育苗期间，夏天中午光照强温度高，最好盖上遮阳网，夏天雷雨较多，可以用薄膜或遮阳网防雨。及时清除育苗床及穴盘中的杂草，出苗后定时配合喷施叶面肥、杀虫剂和杀菌剂。

当幼苗长出 2～3 片真叶时，应把缺苗的孔补齐，以保证幼苗生长健壮。茄子苗壮苗指标：日历苗龄 30～30d，生理苗龄 4～5 片真叶、苗高 15～18cm，子叶健全，无病虫害。

**4. 定植前的准备**

前茬作物结束后要及时消除前茬作物残株及烂叶等，这些残留物是病虫的传播媒介，必须进行严格清理与消毒。定植前 35 天左右，将粪肥均匀撒入棚室中（每亩用 6 000～8 000kg 纯鸡粪或 15～20 方稻壳鸡粪），深翻 2 遍，深度 30cm 以上，然后闷棚消毒，闷棚后一定要进行彻底通风，通过翻地、浇水等措施使闷棚所使用的药剂挥发干净，防止对定植后的幼苗产生危害。定植前，在定植沟内每亩施复合肥 25～30kg，生物有机肥 600kg，豆饼 200kg 充分与土壤搅拌均匀，然后起垄，按照大行 70cm×70cm 做高垄，垄高 25～30cm。

**5. 定植**

最好选择在晴天傍晚或者多云天气定植，株距 45～55cm，每亩约定植 1 800～2 000 株。定植前使用阿米西达 1 500 倍液或百菌清 800 倍液加阿维菌素 1 500 倍液，叶面喷雾幼苗，预防病虫害，定植穴内可撒施生物菌肥，预防死苗。按行株距打孔后定植，把苗坨放入栽植穴中，土坨上表面低于地表 1cm 左右，把土坨用潮土埋没 1/3 左右后浇水，待水渗干后封埯，把栽植穴周围的地膜用土埋严，防治外面空气进入膜下，否则易长杂草。定植后及时浇定植水，防治过度萎蔫。

**6. 定植后的温度和水肥管理**

定植期一般在 8 月底 9 月初，这一时期内温度较高，应注意定植水、缓苗水的及时浇灌。一般在门茄瞪眼前不浇水，只有发现土壤水分不足时才浇小水。这期间应多次中耕畦沟，适当通风排湿，促进根系生长，在门茄瞪眼时开始浇水。结果后期，因气温低茄子生长缓慢，耗水量小，且这期间温室通风相对较少，因此，浇水量要小，一般以 15～20d 浇 1 次水为宜，浇水均采取膜下暗灌。

定植期时大棚温度较高，可适当加大通风量，防止捂苗烤苗（特别是对大棚进行病虫害熏蒸时）。定植后 7～10d 温度一般控制在 30～32℃。缓苗后，温度白天 26～30℃，夜间 18～15℃，缓苗后至采收前应进行蹲苗，避免水肥过量造成徒长，并及时进行中耕。开花结果前，外界自然温度适合茄子生长。结果期，气温相对较低，在管理上要以保温增光为主。白天气温保持在 25～30℃，当棚温超过 30℃以上时，可进行小通风换气，棚温降至 25℃以下时，及时关闭风口；夜间加强保温，使棚内气温维持在 15～18℃，凌晨最低气温不低于 10℃；土温保持在 15℃以上，不能低于 13℃。阴雨天温度管理可比常规管理低 2～3℃。结果后期可能遇到早雪或早霜，要注意增温、保温，争取后期产量，尽量延长上市时间，获得好的经济效益。常见的增温、保温措施主要有增加多层覆盖和点增温烟剂。

在底肥施足的情况下，定植后到门茄瞪眼前，温度较适宜，一般不需追肥。门茄瞪眼时进行追肥，首次追肥量不易过大，以钾肥为主，追肥主要做到一遍果，一次肥，以钾肥为主。茄子进入开花结果期可进行叶面追肥，以促进植株的生长和开花结果，每隔 15d 喷 1 次 0.2％的尿素和 0.3％磷酸二氢钾混合液，或喷施叶面宝、喷施肥宝等微肥。

定植后及时灌根防病，用 50％多菌灵与 75％甲基托布津按 1∶1 或用 58％甲霜灵锰锌加 50％异菌脲按 2∶1 拌土施入定植穴内，或者稀释 600 倍灌根，（每穴用药量 0.3g 左右，最大不能超过 0.5g），以预防猝倒病、茎基腐和立枯病的发生。也可以使用双菌霉素（枯草芽孢杆菌和木霉菌）或者其他生物菌剂灌根，预防黄萎病。

**7. 整枝及采收**

采用双干整枝。秋茬大棚茄子栽培需要沾花，目前主要采用果霉宁、番茄灵、2，4－D 等激素沾花。秋延后塑料大棚茄子栽培一般在后期茄子价格较高，结果后期应在保证茄子商品性的同时尽量延迟茄子的采收时间争取较好的经济效益。

# 第六章　茄子嫁接技术

随着北方保护地蔬菜的发展，保护地茄子的种植面积逐年扩大，茄子连作障碍问题也越来越突出。黄萎病、枯萎病、根结线虫等土传病害的发病率达30%～50%，造成茄子产量低和品质下降，已成为制约保护地茄子生产发展的主要障碍。传统的防病方法主要是4～5年以上的轮作或换土栽培，但不适合大面积栽培。实践证明，采用茄子嫁接技术是解决这一难题最佳途径。

茄子嫁接技术是采用高抗茄子土传病害的野生茄科植物作为嫁接的砧木，将茄苗嫁接在砧木上的一项技术。嫁接后的茄子不仅可以有效地防止茄子土传病害（主要是黄萎病、枯萎病、青枯病，根结线虫病），而且植株长势强，产量高，在设施栽培条件的情况下，可连续生长多年。嫁接茄子不仅产量高，而且品质好，收获期长，这项技术在国外早已经普遍应用，20世纪80年代我国科研单位开始试验，90年代我国开始推广，近几年随着保护地茄子的发展，嫁接栽培占的比例越来越大。

茄子嫁接后，由于野生茄子根系发达，可吸收充足的水分、养分，而且耐低温能力也增强，对低温干旱等逆境的抵抗能力增强，植株生长旺盛，坐果率高，延长了采收期，生长后期也能得到优质果实，提高了产量，经济效益明显高于普通栽培。

## 一、砧木和接穗的选择

目前生产中使用的砧木主要是从野生茄子中筛选出来的高抗或免疫的品种，主要有以下几种。

托鲁巴姆：抗病力很强，能同时抗茄子黄萎病、枯萎病、青枯病和根结线虫病，达到高抗或免疫程度，嫁接后极少得黄萎病。根系发达，粗长根较多呈放射状分布，吸收水分、养分能力强。种子小，千粒重1g左右。种子有很强的休眠特性，一般在采收后几个月发芽率还很低。因此发芽困难，需用激素或变温处理。幼苗出土后，初期生长缓慢，特别是低温条件下生长迟缓，3～4片叶后生长加快。嫁接后植株茎秆粗壮，发病率很低，座果率高，商品率高，不影响果实品质。嫁接时需要比接穗提早25～30d播种。该砧木适合多种栽培，嫁接成活率高，嫁接后除具有高度的抗病性外，还具有耐高温干旱、耐湿的特点，果实品质极佳，总产量高。

赤茄：又名红茄、平茄。主要抗枯萎病，抗黄萎病能力中等。种子易发芽。低温条件下植株伸长性良好。根系发达，侧根数量多，主根粗而长。幼苗生长速度比接穗（栽培品种）稍慢。嫁接亲和力高，嫁接后植株发病率较低，耐低温和耐湿性增强。果实品质优良，前期产量与总产量均较高。由于该砧木生长发育速度比较正常，嫁接时（生产上多采用劈接和斜切接）一般只需比接穗品种提前7d播种即可。

CRP：又叫刺茄。其抗病性与托鲁巴姆相当，也能同时抗多种土传病害。植株生长势较强，根系发达，但茎叶上密生长刺，嫁接时不易操作。种子的休眠性较强，但比托鲁巴姆易发芽。幼苗出土后，初期生长缓慢，2～3片真叶后生长加快，同普通茄子。嫁接时需要比接穗提前20～25d播种。嫁接后，茄子品质优良，总产量高。

耐病VF：该砧木是日本培育出的一代杂种。主要抗黄萎病和枯萎病，抗病性很强，但不抗青枯病。根系发达，分布较深，茎粗大，叶片大，节间较赤茄长，容易嫁接。与栽培茄子嫁接亲和性都很好，易成活。种子发芽容易，幼苗出土后，生长速度较快，因此播种时只需比接穗提前3d即可。嫁接后植株生长旺盛，耐高温干旱，果实肥大快，品质优良。前期产量和总产量均较高。

接穗主要选择长势强、连续坐果能力强、产量高、商品性状佳、品质好、亲和力好的品种。

# 二、砧木和接穗苗的培育

### 1. 播种期

为了使砧木和接穗的最适嫁接期协调一致，应从播种期上进行调整。首先，茄子嫁接苗（即接穗）的播期要比常规育苗提早10d左右。在此基础上，根据砧木种类确定播期。

### 2. 砧木苗的培育

砧木苗培育方法与栽培品种相同。但由于砧木多为野生种类，播种时间、浸种方法和苗期管理又有所不同。不同砧木种类，其种子大小差异极大。托鲁巴姆的千粒重仅为1g左右，因此每亩地需播15g；赤茄千粒重为3g，每亩用量25g。为促进砧木发芽，要求进行温汤浸种，将种子倒入55℃的水中，不断搅拌，直至水温降至30℃。然后浸泡8～10h。托鲁巴姆的种子很小，发芽困难，因此，在温汤处理后，再用100mg/kg的赤霉素浸泡24h，可明显促进发芽速度。催芽过程中，如果采取30℃（12h）和20℃（12h）的变温处理，可促进发芽，提高砧木的发芽率和发芽势。

托鲁巴姆种子发芽、出苗和幼苗生长均较慢，一般要比接穗品种早播25～30d。播种后至出苗前保持地温20℃以上。出苗后不能蹲苗。气温比栽培品种高2～3℃，但不能干旱，以促苗生长。幼苗5～6片真叶时嫁接。赤茄种子一般发芽率和出苗率均较高，一般比接穗早播5～7d。出苗期间保持土温20℃以上。出苗后防徒长，不徒长不要蹲苗。

低温季节育苗需在温室或阳畦内进行有条件可铺设地热线。待砧木种子有30%发芽时即可播种。播前浇足底水，再覆一层干土即可撒种，撒完种再覆一层土（厚0.5～1cm），然后在苗床上支小拱棚保温保湿，保持白天温度不超过35℃，夜间温度不低于17℃。待幼苗出齐后可撒掉小拱棚，降低苗床温度，维持在白天25～28℃，夜间17～20℃。对子叶畸形和生长不良的弱苗应及时间苗。待籽苗长至2叶1心时，进行分苗。

分苗应选择晴天下午进行。一般直接分苗到50孔穴盘中方便嫁接和嫁接后的管理。分苗后应当遮盖遮阴网，促进缓苗。待幼苗开始生长后，白天温度控制在25～28℃，夜间不低于17℃。以后的温度管理应配合接穗的生长状态适当调整。砧木苗的后期生长速度很快，不能脱肥脱水，可用0.2%的营养液浇灌。待砧木苗长到4～6片叶时即可嫁接。

**3. 接穗苗的培育**

接穗苗一般不进行分苗，在播种床上一直长到4片真叶，因此播种密度要降低，一般掌握在苗间距不低于2cm。播后覆盖地膜以保温保湿，一般7d苗子即可出齐，然后撒去覆盖物当幼苗开始出现真叶时进行间苗，除去过密或弱苗。待苗子长到4～5片真叶时即可嫁接。

嫁接前5～7d，要对接穗苗和砧木苗进行蹲苗促壮，以提高嫁接成活率。主要通过控水，使接穗苗中午前后约呈萎蔫状态，但砧木苗的萎蔫程度比接穗轻。嫁接前4～5d要浇足水，只要床土不过干，嫁接时不再浇水。经过这样锻炼的幼苗较耐旱，嫁接时萎蔫轻，成活率高，不徒长。

# 三、嫁接方法

嫁接的适宜时期主要以观察砧木和接穗的茎粗为主要衡量指标，一般要求接穗和砧木的茎粗一致最佳。砧木和接穗茎粗差异较大时可以通过对水分和温度的管理使其一致，然后根据茄子的定植时间来确定嫁接时间。

嫁接前用具必须清洁卫生，严格消毒。嫁接刀具要求锋利，嫁接切口应一刀成形，刀片发钝时，切口不整齐光滑，影响成活率。嫁接后浇水时，不可把水溅到嫁接苗伤口上，否则易引起病菌感染。嫁接一般需在温室或大棚内进行，不受日光的直接照射，气温20～24℃，相对湿度在80%以上。茄子的嫁接方法较多，但目前茄子生产上应用最为广泛的为斜接法和劈接法，这两种嫁接方法容易掌握，成活率较高，均可达95％以上。

斜接法：嫁接时，先把砧木的生长点去掉，留下1～3片真叶，用刀片在节间处向上斜切一刀，切断砧木，角度为45°左右。选择茎粗相当的接穗向下斜切一刀，角度也为45°左右。当砧木、接穗切削好后，一手持接穗，一手拿砧木，把接穗和砧木接口贴上，用嫁接夹固定。要一次固定好，否则易造成错位而影响成活率。

劈接法：当砧木具6～7片真叶，接穗具5～6片真叶，茎秆半木质化，茎粗3～5mm时进行嫁接。嫁接时将砧木置于嫁接操作台，保留两片真叶，用刀片把砧木的茎平切去除上部植株，然后在砧木茎中间垂直切入1.2cm深切口。随后将接穗茄苗拔下，保留2～3片真叶，切掉下部分，削成1cm长的楔形，楔形大小与砧木切口相当，随即将接穗插入砧木的切口中，注意对齐接穗和砧木的表皮（至少有一侧对齐），并用嫁接夹子固定接口。

目前生产上还有一种胶管嫁接法，它主要采用皮筋乳胶管替代嫁接夹。斜接时，砧木斜切后，把橡胶管套一端套在砧木上，把削好地接穗的切面对准砧木的切面插入到橡胶管的另一端，使砧木和接穗的断面充分接触。由于橡胶管的张力作用，固定在一起后，砧木和接穗的切口间结合紧密。胶管嫁接具有以下特点：皮筋乳胶管弹性好，能把嫁接创口紧紧的套住，很好地保持伤口周围的水分，防止出现采用传统嫁接夹中出现的嫁接伤口失水萎蔫死亡的现象；胶管的包裹也能很好的阻止嫁接管理中由于伤口湿度过大导致的病害，提高嫁接成活率；胶管嫁接因为胶管在自然条件下，容易氧化脱落，不用人工去除，大量嫁接时节省去除嫁接夹人力，特别适合工厂化育苗嫁接。

## 四、嫁接苗的管理

嫁接完成后，立即将苗子码放于事先准备好的小拱棚内，并于畦面浇水增大湿度，浇水时，不可把水溅到嫁接苗伤口上，否则易引起病菌感染。然后覆盖遮阳网或稻草遮阴3～5d，茄子嫁接苗愈合期的适宜温度，白天为25～28℃，夜间20～22℃，高于或低于这个温度，不利于接口愈合。嫁接苗愈合以前，空气湿度应保持在95％以上，因为嫁接环境内空气湿度低，容易引起接穗凋萎，严重影响嫁接成活率。保持环境湿度的方法，一般是扣上塑料拱棚密封。浇足底水，第一周内不通风，密封期过后选择在每天的清晨或傍晚通风，以后逐渐揭开薄膜，增加通风量和通风时间，但仍要保持较高的湿度，直至完全成活，才能转入正常的湿度管理。

嫁接后3～4d要全遮光，以后逐渐在早晚见光，随着伤口的愈合，逐渐撤掉覆盖物，一周后，逐渐增加照光量，并适当提高白天的温度。待接穗恢复生长后，撤去床面覆盖物，转入正常管理。嫁接夹不要去除太早，以免影响生长。随着苗子的长大，应随时检查，及时去掉砧木上萌发的侧芽。

## 五、嫁接苗的定植

嫁接后 30～40d、接穗长到 5～6 片叶时即可定植。定植时接口处要高于地面 3cm，以避免接穗长出不定根及嫁接切口受病菌的再次侵染，失去嫁接防病作用。嫁接茄苗根系发达，产量高，需水肥量大，要加强水肥管理。

# 第七章　茄子的病虫害防治

## 一、茄子病害防治

**1. 猝倒病**

（1）**症状识别**　幼苗茎基部初呈水浸状，暗绿色。后缢缩成线状，子叶尚未凋萎之前，幼苗便折倒。幼苗出土前被害，造成烂种、烂芽。苗床发病，往往是从低洼处或棚顶滴水处发病，几天之内再向周围扩展，引起成片倒苗。在高温条件下，病部和附近地表出现白色霉状物。

（2）**发病条件**　病菌借助于水进行侵染和蔓延。病菌对温度要求不严格，15～38℃均能生长良好。幼苗在低温高湿环境条件下抗病力弱，易感病。幼苗期遇寒流、低温及阴雨天气，气温较长期低于15℃以下，或高温高湿，以及播种过密，土壤水分高，易引起猝倒病。

（3）**防治方法**

①采用无土育苗等育苗方法。苗床应设在地势较高、排水良好的地方。苗床土每年换新土。早春采用温床或电热线或育苗箱育苗。

②选用抗猝倒病品种。

③加强苗床管理，播种前浇足底水，幼苗期不再浇水，阴天避免浇水。看苗适时适量放风，地温保持在18～20℃，不低于13℃，避免低温高湿条件出现。

④种子、苗床药剂处理。种子用53％精甲霜·锰锌水分散粒剂500倍液浸泡半小时，带药催芽或者直播。取过筛的营养土50 kg，加精甲霜·锰锌水分散粒剂20 g，加2.5％咯菌晴10 mL，充分混匀，或每平方米用25％甲霜灵可湿性粉剂6 g和50％百菌清可湿性粉剂6 g，与细干土20～30 kg混匀。以上药土取1/3撒在畦面，余下的2/3用作播后覆土。

⑤幼苗期发现猝倒苗要立即拔除，并要疏松床土，提高地温。同时，将上述药土普遍撒在苗床上，可控制其蔓延。

**2. 立枯病**

立枯病，俗称死苗、霉根。

（1）**症状识别**　病苗枯死立而不倒，故称立枯病。幼苗出土至定植前均可发生，一般多发生于育苗的中后期。病株茎基部出现椭圆形暗褐色凹陷病斑，扩展后绕茎一周，失水后病部逐渐凹陷，干腐缢缩，初期大苗白天萎蔫夜间恢复，后期茎叶萎垂枯死。根部发病，多在地表根茎处变褐色并凹陷腐烂。该病发病后植株叶片变黄，潮湿时，病部及附近地表出现淡褐色蜘蛛网状霉层（菌丝体），这一点可与猝倒病相区别。

**（2）发病条件**　以菌丝体或菌核在土壤中的病残体上及有机质上越冬，且往往成为土壤的习居菌，可在土壤中腐生2～3年，土壤带菌是幼苗受害的主要原因。病菌（立枯丝核菌）的菌丝由未腐熟的堆肥、农具、流水及雨水传播。病菌生长适温17～28℃，在12℃以下和40℃以上受到抑制。在土壤水分多、施用未腐熟肥料以及播种过密、间苗不及时等均可诱发本病。南方酸性土发病重。

**（3）防治方法**

①苗床换新土。施用腐熟肥料，并与床土掺匀。酸性土用石灰降低酸碱度。

②苗床土药物处理。用50％扑海因可湿性粉剂，或50％农利灵可湿性粉剂，或40％拌种双粉剂，每平方米用药10 g与床土掺匀后播种。或选用上述药10 g与20～30 kg细土混匀，取其1/3药土铺底，播种后把余下的2/3药土覆盖在种子上。

③药剂拌种。用种子重量0.3％的40％拌种双拌种。

④播种不宜过密，及时间苗和分苗。

⑤加强苗期管理。苗期适当通风，地温不超过22℃，空气相对湿度保持在60％～70％。

⑥苗期喷0.1％～0.2％磷酸二氢钾，可增强抗病能力。发病初期可使用的药剂为70％甲基托布津可湿性粉剂800倍液、50％多菌灵可湿性粉剂500倍液、20％利克菌（甲基立枯磷）可湿性粉剂1 200倍液、15％恶霉灵水剂450倍液。幼苗出齐和1～2片真叶期再撒上述药土，可有效控制发病。此法还能兼治灰霉病。

**3. 黄萎病**

黄萎病，俗称茄子半边疯、黑心病、凋萎病，是为害茄子的重要病害。

**（1）症状识别**　苗期至采收期均有发生，多在结果期表现症状。初期植株一侧的中下部叶发病，叶边缘或叶脉间出现边缘不明显的褪色淡黄斑，渐渐发展为半边叶或整叶变黄，叶缘稍向上卷曲，有时病斑仅限于半边叶片，引起叶片歪曲。晴天高温，病株萎蔫，夜晚或阴雨天可恢复，病情急剧发展时，往往全叶黄萎，变褐枯死。症状由下向上逐渐发展，严重时全株叶片脱落，多数为全株发病，少数仍有部分无病健枝。病株矮小，株形不舒展，果小，长形果有时弯曲，纵切根茎部，可见到木质部维管束变色，呈黄褐色或棕褐色。挤压变色部不渗出混浊液，可区别于青枯病。

**（2）发病条件**　病原真菌（大丽花轮枝孢）以菌丝、厚垣孢子随病残体在土壤中越冬，一般可存活6～8年，第二年从根部伤口、幼根表皮及根毛侵入，然后在维管束内繁殖，并扩展到茎、叶、果实、种子。病菌在田间靠灌溉水、农具、农事操作传播扩散。发病适宜地温为12～23℃。气温的发病适温为19～23℃，超过28℃病害受到抑制。发病地育苗、重茬茄子地、施用病茄秧做堆肥、栽植大龄苗、伤根多和大水漫灌等均发病重，缺肥或偏施氮肥发病也重。

**（3）防治方法**　以选用抗病品种为基础，坚持栽培措施防治和药剂防治相结合，是防治避免茄子黄萎病的有效方法：

①选用耐病品种。

②在无病田采种，或播种前用50%多菌灵可湿性粉剂500倍液浸种1h。或55℃温水浸种15min，移入冷水中冷却后催芽。

③育苗床换新土，或用多菌灵消毒。播种时，每平方米用50%多菌灵可湿性粉剂10～15g均匀撒在床面，与5cm深床土拌匀后播种。

④选择地势平坦、排水良好的砂壤土地块种植茄子，并深翻平整。实行非茄科作物4年以上轮作，效果显著，其中以与葱蒜类轮作效果较好。多施腐熟的有机肥，增施磷、钾肥，促进植株健壮生长，提高植株抗性。

⑤在保护地，夏天高温时期耕地后灌水，其上铺满透明塑料膜，以提高地温，保持20d，可明显减少土壤病菌。高畦铺地膜栽培，以提高地温，防止大水漫灌。

⑥苗期或定植前喷50%多菌灵可湿性粉剂600～700倍液。

⑦发病初期用50%多菌灵可湿性粉剂500倍液，50%苯菌灵可湿性粉剂1 000倍液，每株灌根0.5L。

⑧用野生茄、野生杂交茄作砧木，栽培茄作接穗嫁接，防治效果明显。

**4. 绵疫病**

绵疫病，俗称茄子掉蛋、水烂。各地普遍发生，茄子各生育阶段皆可受害，夏天雨季易发生，是茄子主要病害之一。

**（1）症状识别**　幼苗期发病，茎基部呈水浸状，发展很快，常引发猝倒，致使幼苗枯死。成株期叶片感病，产生水浸状不规则形病斑，具有明显的轮纹，但边缘不明显，褐色或紫褐色，潮湿时病斑上长出少量白霉。茎部受害呈水浸状缢缩，产生暗绿色或凹陷褐色病斑，有时折断，并长有白霉。花器受侵染后，呈褐色腐烂。果实上发病最重，先近地面果实发病，初呈水浸状圆斑，稍凹陷，呈褐色圆斑扩大，潮湿时病部表面长出茂密白色棉絮状霉，内部呈暗褐色腐烂。病果易落地。

（2）**发病条件**　茄子绵疫病属于真菌病害，喜高温高湿条件。因此，发病需要温度相对较高，最适温度为30℃，菌丝体在空气相对湿度85％以上菌丝体发育良好，降水是发病重要条件之一。在高温范围内，棚室内的湿度是认定病害发生与否重要因素的。夏季连续降水，病菌借雨水溅到茄子上发病。空气相对湿度达85％以上时大量产生病菌，以后病斑病菌借风而传播蔓延，引起流行。茄果类重茬地、地下水位高、排水不良、密植及通风不良等地块发病重，保护地茄子往往是撤天幕后遇降水发病，或天幕滴水，造成地面积水、潮湿诱发本病。

发病温度高，适温为30℃。最重要条件是降水。夏季连续降水，病菌借雨水溅到茄子上发病。空气相对湿度达85％以上时大量产生病菌，以后病斑病菌借风而传播蔓延，引起流行。茄果类重茬地、地下水位高、排水不良、密植及通风不良等地块发病重，保护地茄子往往是撤天幕后遇降水发病，亦有因高温多湿、天幕滴水而发病。

（3）**防治方法**

①实行4年以上与非茄果类蔬菜轮作，选地势高燥的地块。

②选用耐病品种。一般圆茄比长茄耐病。

③种子消毒：播种前对种子进行消毒处理：50～55℃的温水浸种7～8min。

④穴盘育苗。高畦铺地膜栽培；或畦面铺稻草、麦秆等，防止地温升高。及时摘除老叶、病果、病叶。加强雨后排水，发病后适当控制浇水，减少土壤水分。

⑤药剂防治重点是雨前和发病初期。药剂可用75％百菌清可湿性粉剂600倍液、50％甲霜铜可湿性粉剂500倍液、58％甲霜灵·锰锌可湿性粉剂500倍液、72％克露600倍液、40％乙膦铝可湿性粉剂200倍液、72.2％普力克水剂800倍液等喷雾防治，每隔5～7d 1次，连续防治3次。

**5. 灰霉病**

（1）**症状识别**　灰霉病在茄子苗期、成株期均可发生。幼苗染病，子叶先端枯死。后扩展到幼茎，幼茎缢缩变细，常自病部折断枯死，真叶染病出现半圆至近圆形淡褐色轮纹斑，后期叶片或茎部均可长出灰霉，致病部腐烂。成株染病，叶缘处先形成水浸状大斑，后变褐，形成椭圆或近圆形浅黄色轮纹斑，直径5～10 mm，密布灰色霉层，严重的大斑连片，致整叶干枯。茎秆、叶柄染病也可产生褐色病斑，湿度大时长出灰霉。果实主要在门茄和对茄上发病。先在花瓣和柱头上产生水浸状病斑，后发展到幼果，产生褐色水浸状斑，扩大后病部凹陷，并出现暗褐色腐烂，其表面密生灰色霉状物。病果易落地。叶片和茎秆发病，主要由病花落下或接触发病。本病特征为病势发展快，高湿条件下病部产生灰色霉状物，有时病部产生黑色小菌核，病叶上还形成浅褐色同心轮纹。

**（2）发病条件** 病菌以菌丝体、分生孢子或菌核的形式在土壤中越冬，成为翌年的初侵染源。发病组织上产生分生孢子，随气流、浇水、农事操作等传播蔓延，形成再侵染。多在开花后侵染花瓣，再侵入果实引发病害。也能由果蒂部侵入。病果采摘后，随意扔弃，或摘下的病枝病叶未及时带出温室或大棚，使孢子飞散传播病害。茄子灰霉病菌喜低温高湿，病菌在2～31℃均能生长，适温为23℃，对湿度要求高。冬春季日光温室、塑料大棚等棚室内，光照不足，气温较低（16～20℃），通风不及时，湿度大，结露持续时间长，易引发茄子灰霉病。播种密度过大、幼苗徒长、分苗晚和苗期浇水过多，均可加重。南方春季露地育苗，遇低温多雨天气，也发生此病。植株长势衰弱时病情加重。

**（3）防治方法**

①提高温度、降低湿度是防病关键；即棚室内早春栽培采取高畦地膜方式、浇小水和多中耕松土均可提高地温。

②门茄和对茄开花期控制浇水，加大通风量，减少结露。

③及时摘除病果、病叶、携出棚外深埋。

④在门茄和对茄开花期喷洒50%扑海因可湿性粉剂1 500倍液，50%农利灵可湿性粉剂1 000倍液，50%速克灵500倍液，50%多菌灵可湿性粉剂600倍液。

⑤在门茄和对茄开花时，在配好的2,4-D或防落素稀释液中加入0.1%的50%农利灵可湿性粉剂或50%扑海因或50%多菌灵混合配药，进行蘸花，具有良好的防落花和防病效果。但是，如果不加杀菌剂反而会加重发病，如果还未开花即蘸花，花瓣不脱落，发病更重。

⑥灰霉病发生严重时，可采用先熏棚，次日再喷雾的方法。

**6. 褐纹病**

**（1）症状识别** 茄子独有的病害，苗期至采种期在叶、茎及果实上发病。幼苗受害，病苗茎部出现菱形的水渍状斑，后变成黑褐色凹陷病斑而枯死。成株受害，叶片初生灰白色，后扩大为圆形或不规则形褐色病斑，斑面轮生小黑粒，主茎或分枝受害，出现不规则灰褐色至灰白色病斑，斑面密生小黑粒。老病斑中央灰白色，产生轮纹，易穿孔。果实主要在熟果上发病，初生淡褐色圆形凹陷斑，扩大后变为灰褐色斑，其上轮纹状各生黑色小粒点。病果后期落地，或留在枝干上呈干腐状僵果。此病的特征是在病部产生许多黑色小粒点。

**（2）发病条件** 病原主要以菌丝体或分生孢子器在土表的病残体上越冬，同时也可以菌丝体潜伏在种皮内部或以分生孢子黏附在种子表面越冬。病菌发育最低温度为 7～11℃，最高温度为 35～40℃，而最适温度为 28～30℃。茄子褐纹病多在 7～9 月发病。发病温度较高，平均气温达 24～26℃开始发病，28℃以上、并常有降水和空气相对湿度达 80％以上，病势发展快。病苗及茎基溃疡上产生的分生孢子为当年再侵染的主要菌源，然后经反复多次的再侵染，造成叶片、茎秆的上部以及果实大量发病。种子带菌是幼苗发病的主要原因。降雨期、降水量和高湿条件是茄褐纹病能否流行的决定因素连作地、低洼地、排水不良地、晚栽地，或晚熟品种均发病重。

**（3）防治方法**

①选用抗病品种，选用无病、包衣的种子，如未包衣则种子须用拌种剂或浸种剂灭菌。

②使用 2 年以上未种过茄子的地作苗床。茄子地实行 4 年轮作。选用排灌方便的田块，开好排水沟，降低地下水位，达到雨停无积水；大雨过后及时清理沟系，防止湿气滞留，降低田间湿度。

③播种或移栽前，或收获后，清除田间及四周杂草，集中烧毁或沤肥；深翻地灭茬，促使病残体分解。

④采取早育苗、早栽培、高畦铺地膜栽培等措施，产品早上市，以躲避流行期。

⑤地膜覆盖栽培，高温干旱时应科学灌水，避免大水漫灌。

⑥药剂防治在结果后开始喷洒。可选用 75％的百菌清可湿性粉剂 600 倍液，70％的代森锰锌可湿性粉剂 500 倍液，50％扑海因可湿性粉剂 1 500 倍液，1：1：200 倍波尔多液。每隔 7～10d 喷洒 1 次，连喷 2～3 次。

**7. 青枯病**

**（1）症状识别** 发病初期部分叶片边缘呈失水状萎垂，后逐渐扩展到整株枝条上。逐渐白天萎蔫叶增多，夜间恢复。病势发展快，1 周内全株青枯状枯死。根系变色腐烂，斜切茎基部，可见木质部变褐色，枝条里面的髓部大多腐烂空心。用手挤压病茎的横切面，有乳白色的黏液渗出，这一特征可与其他病区别。

**（2）发病条件** 茄子青枯病属细菌性病害，病菌主要在病株残体遗留在土中越冬，病菌从植株根部茎基部伤口侵染，借雨水、灌溉水、农具、家畜等传播。种子也带病菌发病。土壤高温高湿是发病条件。一般地温达 20℃开始发病，25℃达盛发期。雨后转晴，气温急剧上升时会造成病害的严重发生。定植期晚、苗龄大，或中耕晚、伤根多，均增加发病。茄果类重茬地、酸性土、黏重土、地下水位高和排水不良等地块发病重。

**（3）防治方法**

①品种间有抗病性差异。选用耐病品种，或采取嫁接方法栽培。

②水旱轮作或与葱、蒜的轮作。

③从无病田、无病株上采种。

④发病严重的地块，每亩施消石灰 100～150 kg，使土壤酸碱度偏碱性。

⑤加强通风、适当遮阴，降低土壤温度。

⑥发病初期用 72％农用硫酸链霉素可溶性粉剂 4 000 倍液，或 50％琥胶肥酸铜可湿性粉剂 500 倍液，每株灌药液 0.3～0.5L，每隔 10d 1 次，共灌 3～4 次。

# 二、茄子虫害防治

**1. 茶黄螨**

茶黄螨，又名侧多食跗线螨、茶嫩叶螨、白蜘蛛等。

**（1）为害特点**　以成螨和若螨集中在茄子尚未展开的芽、叶和花器等幼嫩部位，刺吸寄主汁液。受害叶背呈灰褐色或黄褐色，具油渍状光泽或油浸状，叶缘向下卷曲。受害的嫩茎、嫩枝变为黄褐色，扭曲畸形，严重者植株顶部干枯。受害的蕾和花，重者不能开花坐果。果实受害，果柄、萼片及果皮变成黄褐色，失去光泽，木栓化，果实龟裂，种子外露，味苦变涩，不堪食用。

**（2）形态特征**　雌成螨体长 0.21 mm，宽卵圆形，淡黄色或淡黄绿色，半透明。腹部末端平截；雄螨则为圆锥形。卵长约 0.1 mm，椭圆形，灰白色，半透明。

**（3）防治方法**

①清洁田园，铲除田边杂草，清除残株败叶。

②选用早熟品种，早种早收，避开螨害发生高峰。

③培育无螨秧苗，定植前喷药灭螨。

④药剂防治：在虫害发生初期选用如下药剂进行喷雾防治：可选用 35％杀螨特乳油 1 000 倍液、5％尼索朗乳油 2 000 倍液、25％的灭螨猛可湿性粉剂 1 000～1 500 倍液、20％螨克 1 000～1 500 倍液等杀螨药剂喷雾防治。一般每隔 7～10d 喷 1 次，连喷 2～3 次。喷药时要各部位都喷到，尤其是生长点、嫩叶背面、嫩茎、花器和幼果。

**2. 蚜虫**

蚜虫，又称蜜虫、腻虫。为害茄子的蚜虫主要种类有 3 种，即萝卜蚜、桃蚜和瓜蚜。

**（1）为害特点**　此虫常群集在叶片背面和嫩茎上以刺吸口器吸食植株汁液，并分泌蜜露，常造成植株严重失水和营养不良。幼叶被害，卷曲皱缩，轻者褪绿，有斑点，叶片发黄；重者叶片卷缩变形枯萎，甚至枯死。蚜虫还能传播病毒病。

**（2）防治方法**

①合理布局，减少蚜虫在田间迁飞。有条件的地区夏播少种十字花科蔬菜，清洁田园，以断绝或减少秋菜的蚜源和毒源。

②苗床四周铺银灰色薄膜，上方挂银灰薄膜条，在菜田间隔铺设银灰膜条，均可避蚜或减少有翅蚜迁入传毒。

③田间悬挂黄板，诱杀有翅蚜，减少田间蚜量。

④用 25％蚜螨清乳油 50 mL，或吡虫啉系列产品 1 500～2 000 倍液喷雾，10％的蚜虱净 60～70 g；20％的吡虫啉 2 500 倍液；25％的抗蚜威 3 000 倍液喷雾防治。

**3. 红蜘蛛**

又名棉红蜘蛛，俗称大蜘蛛、大龙、砂龙等，学名叶螨。

**（1）为害特点**　以成螨、若螨在叶背吸食汁液，并吐丝结网。被害叶片初期出现零星褪绿斑点，后变为灰白色或枯黄色细斑，严重时叶片枯萎略带红色，并干枯脱落，如火烧状，造成植株早衰或提早落叶，果皮变粗，果僵住不能长大。

**（2）形态特征**　截形叶螨是一种微小的害虫，幼螨近圆形，有足 3 对，若螨有足 4 对，体侧有明显的块状色素。成螨体长 0.37～0.44 mm，体宽 0.19～0.31mm。体色变化大，一般为红色，梨形，足及颚体白色，体侧有黑斑。看上去似小红点，在叶背面结成丝网。

**（3）防治方法**

①清除田边杂草及收获后的枯枝烂叶，集中销毁，以减少螨源。

②点片发生期防治。15％哒螨灵乳油 2 000 倍液，1.8％齐螨素乳油 6 000～8 000 倍液，73％的克螨特乳油 1 500 倍液或 25％的灭螨猛可湿性粉剂 1 000～1 500 倍液等灭螨类药剂喷雾。每 7～10d 喷 1 次，连喷 2～3 次。

**4. 白粉虱**

**（1）为害症状**　以成虫和若虫群集在叶片背面，用刺吸式口器吸吮汁液。被害叶片褪绿、变黄，植株的长势衰弱、萎蔫，甚至全株枯死。白粉虱传播病毒病，是各种病毒病的介体。还能分泌大量的蜜露，引起真菌大量繁殖，影响到植物正常呼吸与光合作用，从而降低茄子果实质量，影响其商品价值。

**（2）防治方法**

①轮作倒茬。在白粉虱发生猖獗的地区。棚室秋冬茬或棚室周围的露天蔬菜种类应选芹菜、筒蒿、菠菜、油菜、蒜苗等白粉虱不喜食而又耐低温的蔬菜，既免受危害又可防止向棚室蔓延。

②把苗床和生产温室、大棚分开。育苗或定植时，清除基地内的残株杂

草，熏杀或喷杀残余成虫。培育无虫苗。在温室、大棚通风口处设置防虫网，以防止白粉虱迁入生产温室大棚。

③根据白粉虱有趋黄性的特性，在温室和大棚内挂黄板诱杀，一般每隔20 m挂1块黄板。

④释放人工繁殖的丽蚜小蜂，或草岭等生物防治。

⑤白粉虱发生初期用10%吡虫威400～600倍液，或10%扑虱灵乳油1 000倍液，25%的灭螨猛可湿性粉剂1 000～1 500倍液或25%扑虱灵乳油1 500倍液喷雾。能杀死卵、若虫、成虫，当虫量较多时可在药液中加入少量拟除虫菊醋类杀虫剂。一般5～7d 1次，连喷2～3次。药剂均匀喷在叶的正、背面，以便触杀白粉虱。结合药物熏蒸法效果更佳。

**5. 蓟马**

**（1）为害特点**　主要危害茄子的嫩叶、生长点和花上。以成虫和若虫锉吸植株幼嫩组织汁液，被害的嫩叶、嫩梢变硬卷曲枯萎，叶面形成密集小白点或长形条斑，植株生长缓慢，节间缩短。幼嫩果实被害后会形成硬化疤痕，用手触摸，有粗糙感，严重影响产量和品质。

**（2）形态特征**　体微小，体长0.5～2mm，很少超过7mm，体细长而扁，或为圆筒形，黑色、褐色或黄色。

**（3）防治方法**

①清除田间杂草和枯枝残叶，集中烧毁或深埋，消灭越冬成虫和若虫。

②加强肥水管理，促使植株生长健壮，减轻为害。

③蓟马趋蓝色的习性，在田间设置蓝色粘板，诱杀成虫。

④危害前中期用药，喷洒10%阿克泰水分散粒剂5 000～6 000倍液，10%吡虫啉1 000倍液，5%啶虫脒可湿性粉剂2 500倍液，1.8%阿维菌素乳油3 000倍液，或0.36%苦参碱水剂400倍液等。每隔5～7d喷施1次，连喷3次以上，重点喷洒花、嫩叶和幼果等幼嫩组织。药剂熏棚和叶面喷雾相结合的方法效果更佳。

**6. 斑潜蝇**

又称鬼画符，属于双翅目潜蝇科害虫。由巴西传入我国，目前全国各地均有发生。

**（1）为害特点**　成、幼虫均可为害，以幼虫潜叶对茄子造成的损失最大。雌成虫飞翔把植物叶片刺伤，进行取食和产卵，幼虫在叶片或叶柄上取食时蛀成弯弯曲曲的隧道，取食伤口直径为0.13～0.15mm的白色小斑点，潜道通常为白色，典型的蛇形，随幼虫成长潜道加宽。由于幼虫为害，破坏叶绿素和叶肉细胞，影响光合作用，使植株发育明显延迟并枯死，从而造成减产。

**（2）形态特征**　成虫小，体长1.3～2.3 mm，翅长1.3～2.3 mm，体淡

灰黑色，足淡黄褐色，复眼酱红色。卵椭圆形，乳白色，大小为（0.2～0.3）mm×（0.1～0.15）mm。幼虫蛆形，老熟幼虫体长约 3 mm。幼虫有 3 龄：1 龄较透明，近乎无色；2～3 龄为鲜黄或浅橙黄色，腹末端有一对圆锥形的后气门。蛹为围蛹，椭圆形，腹面稍扁平，大小为（1.7～2.3）mm×（0.5～0.75）mm，橙黄色至金黄色。

**（3）防治方法**

①在温室内或斑潜蝇发生代数少的地区，定期清除有虫株。

②在棚室通风口使用防虫网及在棚室内挂黄板，降低斑潜蝇的数量。

③苏云金杆菌的商品制剂可以有效地降低斑潜蝇的为害，并且对天敌没有杀伤作用。农用抗菌素，如阿佛米丁，有一定的防虫效果，但成本很高。

④在幼虫 2 龄前（虫道很小时），喷洒 10% 灭蝇胺悬浮剂 300～400 倍液，1.85% 爱福丁乳油 2 000～3 000 倍液，或 40% 绿菜宝、48% 乐斯本乳油 800～1 000 倍液，药剂的应用最好采用不同单剂交替使用，以免使害虫的抗药性增加。

**7. 根结线虫**

**（1）为害特点**　线虫主要侵害茄子根部。被害根形成许多根结，互相连接呈念珠状。根结球形，其表面又生许多须根，常呈须根团状。当剖开根结时，可见到白色洋梨形的雌成虫。被害植株生长萎缩或黄化、枯萎。还常携带真菌、细菌等，加重危害。

**（2）防治方法**

①选无病土育苗，培育无病壮苗。定植时严格剔除病株。

②实行轮作或无土栽培防病，用基质栽培要防止塑料膜破损，以防土中线虫侵入。

③温室和大棚可随夏季高温休闲进行，每隔 7～10d 翻耕 1 次，连续 2～3 次可杀死地表面线虫。

④发病初期、结果前，用 50% 辛硫磷乳油 1 500 倍液，或 80% 敌敌畏乳油 1 500 倍液，或 90% 敌百虫可溶性粉剂 800 倍液灌根，每株 250～500 mL，一般灌 1 次。灌前先浇水，可提高药效。

⑤嫁接防治。采用嫁接能有效地防治线虫的危害。

# 第二部分 番茄高效栽培技术

## 第一章 番茄的生物学特征

番茄在有霜地区栽培一般为 1 年生植物，野生类型为多年生草本植物。番茄别名西红柿、洋柿子、番柿，起源于南美洲地区，番茄的驯化地是墨西哥和中美地区，到 16 世纪番茄才作为观赏植物传入欧洲，到 17 世纪逐渐为人们食用。番茄公元 17 至 18 世纪传入中国。在我国作为蔬菜食用和栽培的时间始于 20 世纪初期，真正作为蔬菜大面积栽培是从 20 世纪 50 年代初迅速发展起来的。番茄除可鲜食和烹饪多种菜肴外，还可加工制成酱、汁沙司等强化维生素 C 的罐头及脯、干等加工品，用途广泛。因其营养、丰富风味独特，深受广大消费者的喜爱，无论栽培面积还是市场销量，均居蔬菜之首，是我国最主要蔬菜种类之一。目前美国、俄罗斯、意大利和中国为主要生产国，在欧美、中国和日本有大面积的温室、塑料棚及其他保护设施栽培。

### 一、番茄植物学特征

**（1）番茄的根** 番茄的根系比较发达，分布广而深。盛果期主根深入土中能达 1.5 m 以上，根系开展幅度可达 2.5 m 左右，在育苗条件下，由于移植时主根被切断，侧根分枝增多，大部分根群分布在 30～50cm 的土层中。番茄根系再生能力很强，不仅易生侧根，在根茎、茎特别是茎节上很容易发生不定根，而且伸展很快。在良好的生长条件下，不定根发生后 4～5 周即可长达 1 m 左右，所以番茄移植和扦插繁殖比较容易成活。

番茄根系的发育能力、伸展深度及范围，不仅与土壤结构、肥力、土温和耕作情况有关，而且也受移植、整枝、摘心等栽培措施的影响，地下根系与地上部茎、叶、果实的生长有一定的相关性。

（2）番茄的茎 番茄茎因品种类型而异，多为半直立或半蔓生，少数类型为直立性。茎基部木质化。茎的分枝形式为合轴分枝（假轴分枝），即幼茎分化生长到8～13枚叶后，茎顶端开始形成花芽，分化出第一个花穗（多为4～6个花芽），花穗下又分化出一个叶芽，该叶芽生长发育与原主茎连续而成为强壮的茎秆（假轴），分化2～3个叶芽后又分化第二个花穗，第二穗及以后各穗下的一个侧芽也都如此分化发育，故称合轴分枝（假轴分枝）。

根据番茄主茎分化叶片和花穗的数量，可将番茄分为有限生长型和无限生长型两类。无限生长型的番茄在茎端分化第一个花穗后，其下的一个侧芽生长成强盛的侧枝，与主茎连续而成为合轴（假轴）第二穗及以后各穗下的一个侧芽也都如此，故假轴无限生长成为非自封顶类型。有限生长型的植株则在发生3～5个花穗后，花穗下的侧芽变成花芽，不在长成侧枝，故假轴不在伸长成为自封顶类型。

番茄茎的分化侧枝能力也很强，每个叶片的叶腋处都可发生侧枝，而以第一花序下的第一侧枝生长发育最快，通常双干整枝时就保留这一侧枝，如果进行单干整枝则应及早摘除。茎的生长初期为直立生长，随着植株伸长，叶片数增多加厚，果实肥大，植株重心上移，难以支撑地上部的重量而开始倒伏，所以开花前后应及时立架支撑植株茎蔓。

番茄茎的丰产形态为节间较短，茎上下部粗度相似。徒长株（营养生长过旺）节间过长，往往从下到上逐渐变粗，老化株相反，节间过短，从下至上逐渐变细。

（3）番茄的叶 番茄的叶为单叶，羽状深裂或全裂。每片叶有小裂片5～9对，小裂片的大小、形状、对数，因叶的着生部位不同而有很大差别，第一二片叶小裂片小，数量也少，随着叶位上升裂片数增多。

叶片大小、形状、颜色等因品种及环境条件而异，既是鉴别品种的特征，也可作为栽培措施诊断的生态依据。如一般早熟品种叶片较小，晚熟品种叶片较大；露地栽培叶色较深，温室及塑料棚内叶色较浅；低温下叶色发紫，高温下小叶内卷等。番茄叶片及茎均有茸毛和分泌腺，能分泌出具有特殊气味的汁液，很多害虫对这种汁液有忌避性，所以不但番茄受虫害轻，有些蔬菜与番茄间、套作也有减轻虫害的作用。

番茄叶的丰产形态，叶片似长手掌形，中肋及叶片较平，叶色绿，叶片较大，顶部叶正常展开。生长过旺的植株叶片呈三角形，中肋突出，叶色浓绿，叶大。老化株叶小，暗绿或浓绿色，顶部叶小型化。

（4）番茄的花 番茄为完全花，总状花序或聚散花序。花序着生叶腋，花黄色。每个花序上着生的花数品种间差异很大，一般5～10朵，少数类型

（如樱桃番茄）可达 20～30 朵。雄蕊通常有 5～9 枚或更多，聚合成一个圆锥体，包围在雌蕊周围，花药成熟后内侧纵裂，散出花粉，进行自花授粉。雌蕊花柱的长短因品种和环境有差异。一般花柱超出花药筒称之为长花柱。与药筒齐平或短于药筒的称为中花柱或短花柱。中、短花柱花能正常自花授粉，长花柱花可以异花授粉，故番茄天然异交率 4%～10%。子房上位，中轴胎座。

　　有限生长型品种，一般主茎生长至六七片真叶时开始着生第一花序，以后每隔一两叶形成 1 个花序，通常主茎上发生 2～4 层花序后，花序下位的侧芽不在抽枝，而发育成 1 个花序，使植株封顶。无限生长型品种在主茎生长至 8～10 片叶，出现第一花序，以后每隔两三片叶着生一个花序，条件适宜可不断着生花序开花结果。

　　番茄每朵花的花梗中部有一明显的离层（断带），由若干层离层细胞形成。形状为凹陷环状的突起。在环境条件不利于花、果发育时。断带处离层细胞分离，导致落花、落果。使用生长调节剂处理，可阻止离层细胞的活动而防止落花落果。

　　番茄花的丰产形态，同一花序内开花整齐，花瓣黄色，花器及子房大小适中。徒长株花序内开花不整齐，往往花器及子房特大，花瓣深黄色。老化株开花延迟，花器小，花瓣淡黄色，子房小。

　　**（5）番茄的果实**　番茄的果实为多汁浆果。优良的品种果肉厚，种子腔小。果实的形状、大小、颜色、心室数因品种而异，也受环境条件的影响而不同。栽培品种一般为多室，心室数的多少与萼片数及果形有一定相关。萼片数多，心室数也多。3～4 个心室的果实，果径较小，果实肥大不良；5～7 个心室的果实发育良好，接近圆球形；心室数再增多，果形大而扁。心室数多少除品种遗传因素外，与环境条件也有关。

　　果实的颜色有大红色、粉红色、橙红色和黄色。红色是由于含有茄红素，黄色是由于含有胡萝卜素、叶黄素所致。番茄胡萝卜素及叶黄素的形成与光线照射有关，而茄红素的形成主要是受温度的支配。番茄果实未熟时，果实肩部呈浓绿色，面部呈淡绿色。成熟后开始呈现品种特色。

　　番茄果实由子房发育膨大而成。凡是子房发育好的，日后果实也好；子房形状不好的，日后发育成畸形果。通常花谢后 4～30 d 果实迅速肥大。之后果实膨大停止，果实内进行物质转化，如果实转色、变软，糖的积累增多，酸的比例下降等。果实成熟经历时间的长短，同外界环境有关。温度较低，经历时间较长，果实发育较小、果味较淡；温度适宜，果实发育较快，形状整齐，品质也好，经历时间也缩短。

　　**（6）番茄的种子**　番茄种子比果实成熟的早，一般情况下，开花授粉后 35d 左右的种子即开始具有发芽能力，但胚的发育是在授粉后 40d 左右完成，所以授粉后 40～50 d 的种子完全具备正常的发芽能力，种子完全成熟是在授粉后 50～60d。番茄种子在果实内由于受发芽抑制物质及果汁渗透压的作用不发芽，但果皮破裂遇水后很易发芽。种子千粒重 2.7～3.3 g，常温下可使用寿命为 2～3 年。

## 二、番茄生长发育过程及其特性

（1）发芽期 从种子萌发到第一片真叶出现（破心、漏心、吐心）为番茄的发芽期。一般需 7～9d。发芽期能否顺利完成，主要决定于温度、湿度、通气状况及覆土厚度等。

（2）幼苗期 由第一片真叶出现至第一花序开始出现大蕾为幼苗期。幼苗期经历两个阶段：从破心至两三片真叶展开（即花芽分化前）为基本营养生长阶段，这阶段主要为花芽分化为进一步营养生长打下基础；两三片真叶展开后，花芽开始分化，进入第二阶段，即花芽分化发育阶段，从这时开始，营养生长与花芽发育同时进行，应创造良好条件，防止幼苗徒长或老化，保证幼苗健壮的生长及花芽的正常分化及发育，是此阶段栽培管理的主要任务。

（3）开花坐果期 从第一花序出现大蕾至坐果为开花坐果期。开花坐果期是以营养生长为主过渡到生殖生长与营养生长同时进行的转折期，直接关系到产品器官的形成和产量，特别是早期产量。此期管理的关键是协调营养生长与生殖生长的矛盾。无限生长型的中、晚熟品种容易营养生长过旺，甚至徒长，引起开花结果的延迟或落花落果；反之有限生长型的早熟品种，在开花坐果后容易出现果实坠秧现象，植株营养体小，果实发育缓慢，产量不高。促进早发根，协调好茎叶生长，注意保花、保果是这阶段栽培管理的主要任务。

（4）结果期 从第一花序坐果到拉秧为结果期。这一阶段秧果同步生长，营养生长与生殖生长高峰相继地周期性出现，这种结果峰相的突出或缓和与栽培管理技术关系很大。如果在开花坐果期管理技术得当，调节好秧果关系，不至于出现果实坠秧的现象；相反，整枝、打杈及肥水管理不当，还可能出现徒长疯秧的危险，必须注意控制。在结果期中，应该创造良好的条件促进秧、果并旺。周期变化缓和，连续结果，保证早熟丰产。

## 三、番茄对环境条件的要求

番茄具有喜温、喜光、耐肥及半耐旱的特性。在气候温暖、光照充足、阴雨天少的气候条件下生长良好，容易获得高产；高温多雨、光照不足，往往生长衰弱，病害严重。

**（1）温度条件**　番茄是喜温性蔬菜，生长发育最适宜的温度为20～25℃，低于15℃，开花和授粉、受精不良，降至10℃时，植株停止生长，5℃以下引起低温危害，致死温度为－2～－1℃。温度上升至30℃时，同化作用显著降低，升高至35℃以上时，生殖生长受到干扰与破坏，即使是短时45℃的高也会产生生理性干扰，导致落花落果或果实不发育。26～28℃以上的高温能抑制番茄红素及其他色素的形成，影响果实正常着色。

不同生育时期对温度的要求有差别。种子发芽的适温为25～30℃，最低12℃。幼苗期白天适温20～25℃，夜间10～15℃。在栽培中往往利用番茄幼苗对温度适应性强的特点进行抗寒锻炼，可使幼苗忍耐较长时间6～7℃的温度，甚至短时间的0～3℃的低温。开花期对温度反应比较敏感，尤其是开花前5～9 d和开花后2～3d时间内要求严格。白天适温为20～30℃，夜间适温为15～20℃，15℃以下或35℃以上都不利于花器官的正长发育。结果期若温度低，果实生长速度缓慢，温度高果实生长速度较快，但着果较少，夜温过高不利于营养物质积累，果实发育不良。

番茄根系生长最适温为20～22℃。提高地温不仅能促进根系发育，同时土壤中硝态氮含量显著增加，生长发育加速。产量增高。因此，只要夜间气温不高，昼夜地温都维持20℃左右也不会引起徒长，这对保护地番茄生产有其实际意义。地温降至5℃时，根系吸收水分和养分能力受阻，9～10℃时根毛停止生长。

番茄生长发育的适宜温度与其他条件密切关系，特别是光照、二氧化碳和营养条件。例如，在弱光照下同化作用的最适温度显著降低；在强光下增加二氧化碳含量，同化作用的最适温度明显提高，当二氧化碳含量增高到1.2%时，同化作用最适温度可提高到35℃。番茄的生育温度，尤其是夜间温度与氮素营养之间的相互作用，对番茄生长与结果有明显影响。一般来说，只要保证夜间温度适宜，在氮的浓度稍高或稍低时都能正常结果；但在夜温高的情况下，如氮的浓度较低则不能结果，即使在一般氮素施肥量时也会出现缺氮症状。

**（2）光照条件**　番茄是喜光作物，一定范围内，光照越强，光合作用越旺盛，其光饱和点为70 klx，适宜光照强度为30～50 klx。番茄是短日照植物，在由营养生长转向生殖生长过程中基本要求短日照，但要求并不严格，有些品种在短日照下可提前现蕾开花，多数品种则在11～13 h的日照下开花较早，植株生长健壮。番茄在16h的光照条件下，生长最好，因其延长了光合作用时间，增加了干物质积累。

番茄不同生育期对光照的要求不同。发芽期不需要光照；幼苗期光照不足，则植株营养生长不良，花芽分化延迟，着花节位上升，花数减少，花的素质下降，子房变小，心室数减少，影响果实发育；开花期光照不足，容易落花落果；结果期在强光下坐果多，单果大，产量高，反之在弱光下坐果率降低，单果重下降，产量低，还容易产生空洞果和筋腐果。

在露地栽培条件下，一般不易看出光照对番茄生育的影响，如果在盛夏密度较低情况下，强光伴随高温干燥，可能引起卷叶或果面灼伤。在保护地栽培，易出现光照不足，特别是冬季温室栽培光照很难满足，所以常出现茎叶徒长、坐果困难、果实空洞等问题。

番茄正常生长发育要求完整的太阳光谱，玻璃覆盖下培育的秧苗容易徒长，主要原因是由于缺乏紫外线等短波光。在冬季或温室中生产的番茄果实维生素 C 含量较低也与此有关。

**（3）水分条件**　番茄属于半耐旱蔬菜。虽茎叶繁茂，蒸腾强烈，但根系发达，吸水力较强。既需要较多的水分，又不必经常大量灌溉。番茄对空气相对湿度的要求以 45%～50% 为宜。若空气湿度大，不仅阻碍正常授粉，而且在高温高湿条件病害严重。

番茄不同生育期对水分要求不同。幼苗期对水分要求较少，土壤湿度不宜太高。但也不宜过分控水，土壤相对湿度以 60%～70% 为宜。番茄幼苗的徒长主要是因密度过大或光照不足、温度过高（特别是夜间高温）所致。在温度适宜、光照充足、营养面积充分的情况下，保持适宜的水分可促进幼苗生长发育，缩短育苗期，防止老化。

第一花序坐果前，土壤水分过多易引起植株徒长，根系发育不良，造成落花落果。第一花序果实膨大后。需要增加水分供应。盛果期需要大量的水分，这是丰产的关键。这时期供水不足还会引起顶腐病、病毒病。另一方面，结果期土壤湿度过大，排水不良，会阻碍根系的正常呼吸，严重时烂根死秧。土壤湿度范围以维持 60%～80% 为宜。另外结果期土壤忽干忽湿，特别是土壤干旱后又遇大雨，容易发生大量裂果。故应注意勤灌匀灌，大雨后排涝。

**（4）土壤及营养条件**　番茄对土壤条件要求不太严格，但为获得丰产，促进根系良好发育，应选用土层深厚，排水良好，富含有机质的肥沃壤土。番茄对土壤通气性要求较高，土壤中含氧量降至 2% 时。植株祜死所以低洼易涝、结构不良的土壤不宜栽培番茄。沙壤土通透性好，地温上升快，在低温季节可促进早熟；黏壤土或排水良好的富含机质黏土保肥保水能力强，能促进植株旺盛生长，提高产量。番茄适于微酸性土壤，pH 以 6～7 为宜，过酸或过碱的土壤应进行改良。在微碱性土壤中幼苗生长缓慢，但植株长大后生长尚好。

番茄在生育过程中，需从土壤中吸收大量的营养物质，据艾捷里斯坦资料（1962 年），生产 5 000 kg 果实，需从出壤中吸收氮 10 kg、磷酸 5 kg、氧化钾 33 kg。这些元素 73% 左右分布在果实中，27% 左右分布在根、茎、叶等营养器官中。

氮肥对茎叶的生长和果实的发育有重要作用，是与产量关系最为密切的营养元素。在番茄第一花序果实迅速膨大前，植株对氮的吸收量逐渐增加，以后在整个生育过程中，氮素仍大体按同一速度吸收，至结果盛期时达到吸收高峰，所以，氮素营养必须充分供给。只要保证充足的光照，降低夜温并配合其他营养元素的施用，适当增施氮肥并不会引起徒长，而是丰产不可缺少的重要条件。番茄对磷酸的吸收量虽不多，但对番茄根系和果实的发育作用显著。吸收的磷酸中大约有94％存在果实及种子中。幼苗期增施磷肥，对花芽分化与发育也有良好的效果。番茄对氧化钾吸收量最大，尤其在果实迅速膨大期，对钾的吸收量呈直线上升，钾素对糖的合成、运转及提高细胞液浓度，加大细胞的吸水量都有重要作用。番茄吸钙量也很大。缺钙时番茄的叶尖和叶缘萎蔫，生长点坏死，果实发生脐腐病。

# 第二章　番茄的类型和新品种

## 一、番茄的类型

番茄品种类型较多，目前生产上主要从植物学、分枝习性、栽培用途等对番茄进行分类。

### 1. 以植物学分类

植物学上多将番茄属分为普通番茄、多毛番茄、秘鲁番茄、奇土曼尼番茄和细叶番茄等几个复合体种群。每个复合体种群又可分为不少变种。目前栽培的番茄都属于普通番茄。

（1）**普通番茄**　植株生长茎茁壮，分枝多，匍匐性。分枝性有弱有强，体表有茸毛，叶片中大到大，具有不整形的缺刻，叶色从浅绿到深绿，叶边缘有钝锯齿到尖锯齿。花序有总状或复总状，花从少数到多数。果大，叶多，果形扁圆，果色可分红、粉红、橙、黄等，该变种包括绝大多数的栽培品种。

（2）**直立番茄**　植株生长强健，茎短而粗壮，分枝性强，节短，植株直立，叶柄短，叶小色浓，叶面多皱裙，果柄短，果实呈圆球形、扁圆形或扁平形，表面平滑或有菱形。因为产量较低，生产中栽培很少。但能直立生长，栽培时无须立支架，便于田间机械化操作是其突出特点。

（3）**大叶番茄**　植株生长中强，叶系覆盖中等或稀少。叶大，叶缓有浅裂或无缺刻，似马铃薯，故又称薯叶番茄。花序呈单总状或复总状。花中，小形，有5~7花被。茎半蔓生，中等匍匐。果实有圆形、扁圆形及扁平形等多种，有的也有椭圆形者。子室从少数到多数。果色有火红、粉红或黄色等多种。果实与普通番茄相同。

（4）**樱桃番茄**　番茄的祖先是樱桃番茄，是唯一在南美以外发现的野生番茄，樱桃番茄比其他普通番茄属的种能更好地适应热带潮湿的条件。植株强壮茎细长，茎蔓性，叶色淡绿，花序主要为单总状，或长或短，花数较少，主要由5花被组成，少数有6花被的。花萼与花瓣几乎等长。果实小呈圆球形，果柄约2cm，果色红、橙或黄，形如樱桃，两心室。

（5）**梨形番茄**　植株生长中强，茎直立或蔓生，叶中大到大，色浓绿。花序主要为单总状的。少数有强烈的分枝，花少数，偶有多数。花萼短于花瓣。花瓣渐尖到椭圆。果小，形如洋梨，2室偶有3室，果呈红、黄等色。

**2. 以分枝习性分类**

在生产上，根据番茄分枝习性的不同，把番茄品种分为有限生长型和无限生长型两大类。

**（1）有限生长类型**　又称"自封顶"。这类品种主茎生长 6～8 片真叶后形成第一花序，此后每隔 1～2 片叶着生一花序，主茎着生 2～4 个花序后，顶芽分化为花芽，茎不再延伸，出现封顶现象。该类型番茄植株较矮，结果比较集中，具有较强的结实力及速熟性，生殖器官发育较快，叶片光合强度较高，生长期较短，适于早熟栽培。

**（2）无限生长类型**　当番茄主茎生长 7～9 片真叶后形成第 1 花序，此后，每隔 2～3 片真叶着生 1 个花序。主茎不断延伸生长，此品种类型为无限生长类型。这种类型的番茄，生长势较强，植株高大，生育期长，果形也较大，果实成熟偏晚，产量高，品质较好。

**3. 以番茄用途分类**

**（1）普通鲜食番茄**　鲜食番茄一般果实偏大，单果重多在 120 g 以上；果实颜色为红色、粉红色和黄色，但以粉红果更受喜爱。一般鲜食番茄果实内水分含量偏多，果肉较软，果皮较薄，容易裂果，不耐压，不耐贮运，可溶性固形物含量较低，酸味较小。

**（2）加工番茄**　加工番茄主要用途是送入加工厂加工处理，处理产品主要是番茄酱，另有番茄干、番茄粉、番茄红素等产品。其主要特点是矮化自封顶，不搭架不整枝栽培，一般植株高度在 30～90cm，分枝数多，匍匐、直立或半直立生长，花期较集中，果实多数椭圆形，也有方圆形和长椭圆形等，比普通栽培番茄略小，一般 30～120g，果皮比普通栽培番茄厚，耐贮藏运输。作为加工用的番茄，其果实性状还具有以下几个特点：①果实的颜色与果肉、胎座及种子外围胶状物红色，且粉色均匀一致，果实表面无绿肩和黄斑。②果实中番茄红素、可溶性固形物、有机酸含量较好。④果实较杭裂、耐压、耐贮运。

# 二、番茄新优品种

**1. 大果型普通鲜食品种**

**（1）红果类型品种**

京番 501：北京市农林科学院蔬菜研究中心培育红果番茄杂交种，中早熟，无限生长型，长势强，株型清秀，叶色深绿，果实圆形，色泽亮丽，萼片规则平展，每穗坐果数 5～7 个，单果重 200～240 g，精品果率高，硬度好，连续坐果能力强，上下膨果一致。具有抗番茄黄化曲叶病毒病 Ty1 和 Ty3a 基因位点、抗番茄化叶病毒病 Tm2a 基因位点、抗根结线虫病 Mi1 基因位点、抗叶霉病 cf9 基因位点，适合春秋及越冬保护地或露地种植。

佳红 4 号：北京市农林科学院蔬菜研究中心培育。无限生长，抗 ToMV，叶霉病和枯萎病。中熟偏早，果形周正以圆形为主，单果重 130～180 g，未成熟果无绿果肩，成熟果光亮、红色，商品性好。果肉硬，耐贮运。适宜保护地兼露地栽培。

佳红 5 号：北京市农林科学院蔬菜研究中心培育。无限生长，抗 ToMV、叶霉及枯萎病。中熟。果形周正，稍扁圆，单果重 130～150 g，未成熟果无绿果肩，成熟果亮红美观、均匀整齐，商品性好。果肉硬，耐贮运，果皮韧性好、裂果少，可成串采收。适合保护地及长季节栽培，兼露地栽培。

佳红 6 号：无限生长，抗根结线虫、ToMW 和枯萎病，中熟。单果重 150～200 g，未成熟果显绿果肩，成熟果红色，果皮韧性好、耐裂果性强。果形周正，稍扁圆形，商品性好。适合保护地兼露地栽培。

中杂 108：中国农业科学院蔬菜花卉研究所培育。无限生长型，叶量中等。成熟果为红色，圆形，果实着色均匀。单果重 200 g 左右，果面光滑，果实大小均匀，可整穗采收上市。果实硬度极高，耐贮运性较好。连续坐果能力强，适合温室和大棚栽培。春日光温室栽培产量可达 9 000 kg 以上，抗番茄花叶病毒病和枯萎病。

浙杂 502：浙江省农业科学院蔬菜研究所培育。中早熟，无限生长类型；综合抗病性好，抗番茄黄化曲叶病毒病（TYLCV）、番茄花叶病毒病（ToMV）和枯萎病；幼果无绿果肩，成熟果大红色，单果质量 200 g 左右，大小均匀，色泽亮丽，果实果形圆整，商品性好，果皮果肉厚，硬度高，货架期长，耐贮运；该品种适应性广，抗逆性强，连续坐果性好，稳产高产，全国各地区均可种植。

金鹏 M215：西安皇冠蔬菜研究所选育无限生长类型大红类型。植株长势较强，叶量较金棚三号略大，主茎第七至第八叶着生第一花穗。果实高园苹果形，幼果无绿肩，光泽度好，成熟果大红色，一般单果重 200～250 g，大的可达 350 g 以上。果肉厚，硬度大，耐贮运。高抗根结线虫（南方、爪哇和花生根结线虫），高抗番茄花叶病毒（ToMV），高抗叶霉病，中抗黄瓜花叶病毒（CMV），抗枯萎病。耐寒性和连续座果能力优于金棚三号。早熟、熟性与金棚三号相当，结果集中，前期产量高，总产量与金棚三号相当。

哈雷 3966：以色列海泽拉优质种子公司培育无限生长，中早熟，抗 Ty 红果品种。植株长势中等，易坐果。果实扁球形，单果重 170～220 g，颜色亮丽，硬度好，产量高，适合露地搭架种植。还兼抗黄萎病、枯萎病枯萎病生理小种 1 和 2 号、番茄花叶病毒、根结线虫。适合越夏和秋延茬口栽培。

戴维森 3952：以色列海泽拉优质种子公司培育无限生长，早熟，抗 Ty 红果品种。植株长势旺盛，叶色鲜绿，节间中等，花絮好，花量大。坐果好，果实扁球形，平均单果重 200 g，颜色艳丽，硬度高，货架期长。还具有黄萎病、枯萎病生理小种 1 和 2 号、烟草花叶病毒，根结线虫等抗性。适合早春、秋延栽培。

桃乐丝 3921：以色列海泽拉优质种子公司培育无限生长，中熟，抗 Ty 红果品种。植株生长势强、健壮，坐果好，产量高。果高圆，平均单果重 220 g，果实品质好，颜色靓红，果形均匀，硬度好，抗病性强，适合春、秋季保护地种植。高抗黄萎病（Vd），枯萎病生理小种 1 号，2 号（Fol race 1，2），番茄花叶病毒（ToMV），镰刀菌根腐病（For），灰叶斑病（Sl）；中抗（南方、爪哇）根结线虫（Mi、Mj），番茄黄化卷叶病毒（TYLCV）。

沃尔特 3951：以色列海泽拉优质种子公司培育无限生长，中熟，抗 Ty 红果品种。植株紧凑健壮，叶片覆盖性好。果实高圆形，单果重 170～210 g。品质好，大小均匀，硬度高。高抗黄萎病（Vd），枯萎病生理小种 1 号，2 号（Fol race 1，2），番茄花叶病毒（ToMV）；中抗南方根结线虫（Mi），灰叶斑病（Sl），番茄黄化卷叶病毒（TYLCV）。

齐达利：先正达培育无限生长，中熟，大红番茄品种。植株长势中等，节间短。果实圆形偏扁，颜色美观，萼片开张，单果重约 220 g。果实硬度好，耐贮运。抗番茄黄化卷叶病毒、番茄花叶病毒、枯萎、黄萎，适宜西北区域秋延，东北越冬；南方露地秋延栽培。

瑞菲：先正达培育无限生长型，中早熟大红番茄。植株长势强，耐热性好，坐果能力强，均匀整齐。果实圆形偏扁，颜色美观，萼片开张，单果重约 200 g，果实硬度好，耐运输。抗；枯萎，番茄花叶病毒，斑萎病毒。适宜北方保护地及南方露地秋延栽培。

凯撒：先正达培育无限生长，大红果番茄。植株长势中等，茎秆较粗壮，节间较短，叶片厚但稀疏。果实鲜艳有光泽，中大果，果形均匀，单果重 220～300 g。硬度极好，不易裂果，耐运输，保鲜期长。高抗叶霉病、灰霉病、灰叶斑，和根结线虫病。适合北方早春、秋延、越冬保护地和南方露地栽培。

拉比：先正达培育无限生长，大红果番茄。植株生长旺盛，叶片覆盖性好，抗逆和抗病性强，高温坐果能力强，产量高。果实深红色，果色均匀，单果重 180～200 g。硬度高，货架期长。抗番茄黄化曲叶病毒病、黄萎病、枯萎病、番茄花叶病毒病、根结线虫、茎基腐病。适宜南方露地栽培。

倍盈：先正达培育无限生长，大红果番茄。植株生长势强，节间中等，坐果能力强。果圆形稍扁，3～4心室，平均单果重200g左右，果实均匀。硬度高，耐储运。抗叶霉病，枯萎病，黄萎病，根腐病，灰斑病，番茄花叶病毒0、1、1.2、2。适宜春季及早春栽培。

**（2）粉果类型品种**

硬粉8号：北京市农林科学院蔬菜研究中心培育。无限生长，抗ToMV，叶霉病和枯萎病。叶色浓绿，抗早衰，中熟显早，果形圆正，未成熟果显绿肩，成熟果粉红色，单果200～300g，果肉硬、果皮韧性好，耐裂、耐运输。适合春、秋大棚，春露地。

仙客8号：北京市农林科学院蔬菜研究中心培育。抗线虫粉果番茄新品种。无限生长，中熟，无绿肩，成熟果粉红色，高硬度、果皮韧性好，耐裂果性强，商品果率高。含有Mi抗线虫基因，同时对ToMV、叶霉病和枯萎病的具有复合抗性。

佳粉18号：无限生长，抗ToMV，叶霉病和枯萎病。中熟，以圆形果为主，未成熟果无绿肩，成熟果粉红色，单果200～300g，果肉硬耐贮运输。适合春大棚及南方露地栽培。

京番101：北京市农林科学院蔬菜研究中心培育粉果番茄杂交种，早熟，无限生长型，株果协调，果实正圆形，萼片平展规则，每穗坐果数4～6个，单果重200～240g，精品果率高，持续坐果能力强，上下膨果一致。具有抗番茄黄化曲叶病毒病Ty1和Ty3a基因位点、抗根结线虫病Mi 1～2基因位点、抗番茄化叶病毒病Tm2a基因位点，适合春秋保护地种植。

京番302：北京市农林科学院蔬菜研究中心培育粉果番茄杂交种，早熟，无限生长型，绿肩，果实圆形，每穗坐果数4～5个，单果重200～240g，耐裂性好，酸甜可口，汁多味浓。具有抗根结线虫病Mi1基因位点、抗番茄花叶病毒病Tm2a基因位点，适合春秋保护地或露地种植。

中杂109号：中国农业科学院蔬菜花卉研究所培育无限生长，粉果品种。果实近圆形，平均单果重200g以上，坐果整齐，商品率高。果实硬度高，耐贮运。高抗烟草花叶病毒，抗叶霉病、枯萎病。适合春、秋保护地栽培。

中杂15：无限生长类型，生长势中强，中早熟。幼果无果肩，粉红色，果实圆形，单果重220g左右，硬度高，耐贮运。抗病毒病、叶霉病、枯萎病和根结线虫。适合日光温室和大棚栽培。平均亩产量为7 000～9 000kg。

浙粉702：浙江省农业科学院蔬菜研究所培育。早熟，无限生长类型；综合抗性好，抗番茄黄化曲叶病毒病（TYLCV）、番茄花叶病毒病（ToMV）、叶霉病和枯萎病；幼果无绿果肩，成熟果粉红色，单果质量250g左右，大小均匀，着色一致，果实高圆形，商品性好，耐贮运；该品种适应性广，抗逆性好，全国喜食粉红果地区均可种植。

东农 722：东北农业大学最新选育的鲜食用杂交一代品种。无限生长类型，生长势强，中晚熟。成熟果粉红色，果实圆形，平均单果重 220～240 g，果实整齐度高，商品性好，坐果率高，花序美观，果肉厚，硬度极大，耐储运，货架期 25d。高抗烟草花叶病毒病、枯萎病和黄萎病，平均每亩产 9 000～14 000 kg。

金棚 8 号：西安皇冠蔬菜研究所选育无限生长粉红硬果抗黄化曲叶病毒（Ty）类型番茄新品系。植株长势强、叶量中大，中熟。耐热、耐寒，连续坐果能力强，适应性广。花穗整齐，花数较多，容易坐果。果实高圆，无绿肩，深粉红，亮度、红度均好。果实特硬，果脐小，单果重 230 g 左右，整齐度高。抗黄化曲叶病毒（TYLCV）、抗枯萎病。

金棚 11 号：西安皇冠蔬菜研究所选育，无限生长粉红抗黄化曲叶病毒（Ty）类型番茄新品系。抗黄化曲叶病毒，抗南方根结线虫。同时还兼抗番茄花叶病毒（ToMV）、枯萎病和叶霉病，中抗黄瓜花叶病毒，晚疫病、灰霉病发病率低。果实商品性好。果实高圆，果面发亮，果形好，果脐小，一般单果重 200～250 g，果实均匀度较高。果实硬度、货架寿命显著优于金棚一号。植株长势好。早熟，前期产量高，连续座果能力优于金棚一号。适宜在黄化曲叶病毒流行地区日光温室、大棚越冬、春提早栽培。

抗 TY 金棚 10 号：西安皇冠蔬菜研究所选育，抗黄化曲叶病毒（TyL-CV）粉红番茄品系。抗黄化曲叶病毒（Ty）。同时还抗番茄花叶病毒（ToMV），中抗黄瓜花叶病毒（CMV），抗枯萎病和叶霉病，晚疫病、灰霉病发病率低，无筋腐病。果实商品性好。果实高圆，无绿肩，成熟果粉红色。果实表面光滑发亮，果脐小，畸形果、裂果较少。果实硬度优于金棚一号，耐贮运，货架寿命长。果实大小均匀，一般单果重 200～250 g，风味好，商品率高。植株生长势较好，连续座果能力强于金棚一号。

金棚 EM1：西安皇冠蔬菜研究所选育的露地专用番茄杂交品种。植株长势较强，叶量中等，第七节着生第一花穗。以后每隔 3 叶着生一花穗。果实高园，果面发亮，大小均匀，平均单果重 250 g 左右。果肉厚，耐贮运性好，货贺寿命长，裂果、畸形果较少。高抗番茄花叶病毒（ToMV），中抗黄瓜花叶病毒（CMV），高抗枯萎病和叶霉病。长茸毛避蚜虫和白飞虱，可减轻 CMV 的危害。中早熟，果实发育速度快。适宜春露地和越夏栽培。

金棚强帅 F1：西安皇冠蔬菜所最新选育的露地专用番茄杂交种。长势强。植株生长势强，叶量较大，茎秆粗壮，根系发达。主茎第七、八节着生第一花穗，以后每隔 3 叶着生一个花穗。果实帅。果实高园，无绿果肩，果脐较小，果面光滑，一般单果重 200～250 g，果实大小均匀，畸形果、裂果极少。硬度大。果肉厚、果芯大，硬度好，色泽艳，耐贮耐运性强，货架寿命长。抗性好。高抗番茄花叶病毒（ToMV），中抗黄瓜花叶病毒（CMV），抗枯萎病，部分植株抗叶霉病，占群体 50％的长茸毛株具有驱避蚜虫和白粉虱的作用，可以减轻黄瓜花叶病毒（CMV）的危害。耐热性较好。中熟，果实发育速度快，连续坐果能力强。适宜春露地和越夏栽培。

金鹏 M18：西安皇冠蔬菜研究所选育无限生长高秧粉红类型。长势强。叶片较大。主茎第 8～9 节着生第一花穗，以后每隔 3 叶着生一花穗。果大。果实圆形粉红，无绿肩，果肉厚，果肉较厚，硬度大，耐贮耐运，货架寿命较长。硬度高，果实大，一般单果重 300 g 以上，大的可达 400～500 g。高抗根结线虫。高抗南方根结线虫，高抗番茄花叶病毒，中抗黄瓜花叶病毒，在部分地区抗叶霉病，抗枯萎病。没有发现筋腐病。适应性强。抗裂性好，连续座果能力强，丰产性好。中晚熟，比金棚一号晚上市 10～15d。适宜根结线虫严重地区温室秋延后、越冬栽培。亦可华北、西北和东北地区露地栽培。

瑞星 5 号：上海菲图公司培育无限生长，中熟，粉果品种。植株抗逆性好，连续坐果能力强。果实高圆形，无果肩无棱沟，精品果率高，单果重 260 g 左右，大小一致。果实耐裂，硬度高，货架期长，适合长途运输。抗黄化曲叶病毒病，灰叶斑病。适合早春、越夏、秋延、越冬保护地栽培。

瑞星大宝：上海菲图公司培育无限生长型中早熟品种，植株叶片深绿、叶量中等，长势旺盛不早衰，连续坐果能力极强，果实高圆形，均匀一致，无绿果肩，萼片大而美观，精品果率高。果实硬度高，耐裂性强，单果重 260～320 g，幼果颜色白稍绿，成熟后亮深粉色，光泽度好。抗番茄黄化卷叶病毒（TY）、灰叶斑病、叶霉病、耐根结线虫。适合保护地早春、秋延及越冬栽培。

瑞星 7 号：上海菲图公司培育无限生长，中早熟，粉果品种。植株长势旺盛，叶色深绿，不早衰。果实高圆形，单果重 260 g 左右，果实大小均匀，果色靓丽。果肉非常坚硬，耐裂，货架期长。抗黄化曲叶病毒（Ty），抗线虫、叶霉、叶斑病。适合秋延、越冬、早春茬口。

天妃九号：沈阳谷雨种业有限公司培育无限生长，中熟，粉果品种。植株长势旺盛，果实高圆，萼片厚长，单果重 250～280 g，硬度高，精品果率高，产量高。抗病性强，抗 TY 病毒病、叶霉病等常见病害。适合早春和秋延茬口。

农博粉 3 号：石家庄农博士科技开发有限公司培育无限生长类型，粉果品种。耐低温、高温能力突出。在高温条件下坐果能力强，不易徒长，着色艳丽，果实圆形偏高，果个大，单果重 250～350 g。果硬耐贮，畸形果率极低，风味佳。高抗病毒病，抗叶霉病、筋腐病和黄萎病，耐根线虫病。

博雅 3684：以色列海泽拉优质种子公司培育无限生长，中熟，抗 Ty 粉果品种。植株长势中等，高产。果实球形略扁，单果重 220～260 g，硬度高，货架期长。品种抗叶部病害能力强；高抗黄萎病（Vd），枯萎病生理小种1、2号（Fol race 1，2），番茄花叶病毒（ToMV）；中抗（南方、爪洼）根结线虫（Mi、Mj），番茄黄化卷叶病毒（TYLCV），灰叶斑病（Sl）。适合秋延保护地栽培。

罗拉：以色列海泽拉优质种子公司培育无限生长，抗TY病毒粉果。植株紧凑，长势中等，产量高。果实球形，果大，单果重240～270 g，硬度好，货架期长。高抗黄萎病（Vd），枯萎病生理小种1、2号（Fol race 1，2），番茄花叶病毒（ToMV），镰刀菌根腐病（For），叶霉病；中抗：（南方、爪洼）根结线虫（Mi、Mj），番茄黄化卷叶病毒（TYLCV）。适合秋秋延或保护地栽培。

芬迪：以色列海泽拉优质种子公司培育无限生长，中熟，抗TY病毒粉果。植株生长健壮，株型开张，产量高。果形均匀。果实球形略扁，平均重200～220 g。高抗黄萎病（Vd），枯萎病生理小种0号、1号（Fol race 0，1），番茄花叶病毒（ToMV），镰刀菌根腐病（For），中抗（南方、爪哇）根结线虫（Mi，Mj），番茄黄花卷叶病毒（TYLCV），灰叶斑病（Sl）。适合越冬保护地栽培。

圣罗兰：以色列海泽拉优质种子公司培育无限生长，中熟，抗TY病毒粉果。植株生长健壮，产量高，果实高圆形，单果重220～240 g，硬度好。高抗黄萎病（Vd），枯萎病生理小种0号、1号（Fol race 0，1），番茄花叶病毒（ToMV），镰刀菌根腐病（For），中抗（南方、爪哇）根结线虫（Mi，Mj），番茄黄花卷叶病毒（TYLCV）。适合越冬保护地栽培。

迪芬妮：先正达培育无限生长，中熟，粉果番茄。植株长势非常旺盛，节间稍长，产量高。果实圆形，颜色鲜艳，深粉红色，单果重260～280 g。高硬度，超耐裂，抗枯萎病，黄萎病，叶霉病。中抗Ty病毒，烟草花叶病毒和褪绿病毒（黄头），耐灰叶斑病。适于晚秋茬、早春茬栽培。

惠裕：先正达培育无限生长，粉果番茄。植株长势旺盛，高温坐果能力和连续坐果能力强。果实颜色鲜艳，深粉红色，单果重260～280 g。高硬度，超耐裂，没有皱皮。抗TY病毒，抗枯萎，黄萎病，烟草花叶病毒。耐灰叶斑病和褪绿病毒病（黄头）。

欧盾：圣尼斯种业培育无限生长，粉果番茄。植株长势旺盛，连续坐果能力强，不早衰，易坐果，产量高。果实高圆形，单果重250 g，大小均匀，萼片开展，不易裂果，硬度高，耐运输。适合秋延，早春，越冬保护地栽培。

欧冠：圣尼斯种业培育无限生长，中早熟，粉果番茄。植株长势旺盛，耐低温弱光，畸形少，精品果率高。不空穗，坐果率高，不早衰，连续坐果能力强。果实圆形略扁，平均单果重240～320 g。大小均匀，果面光滑，成熟后艳丽有光泽，果肉硬度高，货架期长，极耐储运。高抗烟草花叶病毒，条斑病毒，早疫病，晚疫病，灰霉病等。适宜秋延迟、深冬、早春保护地栽培。

欧贝：圣尼斯种业培育无限生长，中早熟，粉果番茄。无限生长性。植株长势旺盛，叶片浓绿，节间中等，易坐果，连续坐果能力强。果实圆形略扁，深粉色，转色均匀。果形美观，商品率高，单果重约230～260 g。果实硬度好，耐储运。兼抗黄化曲叶病毒病和根结线虫。适合秋延、深冬、早春保护地栽培。

欧粉：圣尼斯种业培育无限生长，粉果番茄。长势非常旺盛，节位低，连续坐果能力强，产量高。果实深粉，苹果型，萼片肥厚平展，单果重220～250 g，光泽度好，硬度好，耐储运，耐热耐寒，抗黄化曲叶病毒病，枯萎病，黄萎病、番茄花叶病毒，耐褪绿病毒（黄头）和灰叶斑。

普罗旺斯：德奥特种业培育无限生长，中熟，粉果品种。植株长势旺盛，果实圆形，萼片平展，果形美观。单果重250～300 g，硬度高，耐储运。口感独特。抗根结线虫、叶霉、枯黄萎病、条斑病毒病。适宜早春、秋延、越冬等茬口栽培。

粉晏：纽内姆培育无限生长，粉果番茄。植株长势中等，连续坐果能力强，早熟性好，果实圆形，均匀度好，无明显果棱，果色深粉亮丽，萼片美观，精品果率高，抗裂性能力强，硬度高，耐运输，抗番茄黄化曲叶病毒病，灰叶斑病，番茄花叶病毒病，枯萎病，黄萎病，耐根结线虫。适合秋延茬栽培。

东方美：纽内姆培育无限生长，中早熟，粉果番茄。植株生长势强，抗逆性强、适应性广。果实高圆形，果形美观，平均单果重250 g左右。硬度高，耐运输。抗番茄黄化曲叶病毒，番茄花叶病毒病、叶霉病。适合露地、保护地种植。

法拉利：纽内姆培育无限生长，中早熟，粉果番茄。植株长势旺盛，易坐果，不早衰，连续坐果能力强，精品果极高。果实圆形略扁，萼片美观，果色深粉，平均单果重240～260 g。硬度好，极耐储运，货架期长。高抗番茄花叶病，叶霉病、枯萎病和黄萎病、灰霉病。适合越冬保护地等长季节栽培。

达尔文：纽内姆培育无限生长，中早熟，粉果番茄。植株长势旺盛，连续坐果能力强。果型略扁，萼片美观，单果重约220～230 g，果色深粉。果肉紧实，硬度极好，货架期长。抗番茄枯萎病，黄萎病及花叶病毒病。适宜冬春茬、秋冬茬保护地栽培。

粉太郎2号：日本坂田种苗公司培育无限生长，早熟，粉果品种。生长强健，叶片稀疏。果实圆形，单果重240～280g，果实硬，耐贮运。耐低温，坐果率高，畸形果少。糖度6%以上，味道浓，口感好。耐根结线虫病、青枯病、早疫病和晚疫病。

**2. 加工番茄品种**

IVF6201：中国农业科学院蔬菜花卉研究所培育的适宜作罐藏加工和鲜果贮运的中熟一代杂种。植株自封顶生长类型，长势中等。果实卵圆，果面光滑，单果重 70～80 g。幼果无绿色果肩，成熟果鲜红色，着色一致，肉色好。果肉厚，果实紧实，耐压，抗裂，耐贮运。果实可溶性固形物含量为 6.1%。果实硬度 0.70 kg/cm²，耐压力 8.04 kg/果。抗黄萎、枯萎效小种 1 和 2，耐病毒病。

红杂 16：中国农业科学院蔬菜花卉研究所培育加工番茄，植株自封顶生长类型。坐果率高，果实卵圆形，单果重 60～70 g，幼果无绿色果肩，成熟果鲜红色，果实较紧实，果肉较厚，抗裂，耐压。果实硬度 0.45 kg/cm²，耐压力 4.94 kg/果。可溶性固形物 5.2%，番茄红素 97 mg/kg 鲜重。抗番茄花叶病毒病。

红杂 35：中国农业科学院蔬菜花卉研究所培育加工番茄品种，植株有限生长类型，长势中等。第 6 片叶开始着生花序。果实圆形，幼果有浅绿色果肩，成熟果红色，单果重 70～80 g。果肉厚 7～10 mm，果实紧实，抗裂、耐压。可溶性固形物 5.0～5.2%，番茄红素 96.0 mg/kg 鲜重。从播种到果实红熟仅需 100d 左右，果实成熟十分集中。前期产量占总产量 80% 以上，亩产 4 000 kg 以上。

红杂 20：植株无限生长类型。果实高圆形，单果重 80～100 g，成熟果鲜红色，着色一致。果肉较厚，果实紧实，果实硬度 0.49 kg/cm²，耐压力 5.18kg/果。可溶性固形物 5.1%～5.6%，番茄红素 89～107 mg/kg 鲜重。抗番茄花叶病毒病。亩用种量约 50 g。

**3. 樱桃番茄品种**

京丹 1 号：北京市农林科学院蔬菜研究中心培育。无限生长，中早熟，果实圆形，单果重 10～15 g，成熟果色泽红亮，果味酸甜浓郁、口感极好，适宜保护地长季节栽培。

京丹 6 号：北京市农林科学院蔬菜研究中心培育。茄树栽培专用品种。无限生长，抗 ToMV、叶霉病及枯萎病。中熟，果肉硬，植株挂果保鲜期长，折光糖度最高可达 13，口感风味极好。持续生长、连续结果能力强，适宜在都市型观光农业中作番茄树栽培。

京丹绿宝石：北京市农林科学院蔬菜研究中心培育。无限生长，中熟，抗 ToMV、叶霉病及枯萎病，生长势极强。圆和高圆形果，单果重 20 g 左右，100% 纯绿熟果晶莹剔透似宝石。风味酸甜浓郁，口感极好，适宜保护地长季节栽培。

京丹黄玉：北京市农林科学院蔬菜研究中心培育。无限生长，中熟。抗ToMV、叶霉病及枯萎病。果实长卵形，单果重 35～50 g，成熟果嫩黄色，口感风味佳，适宜保护地栽培。

红贝贝：北京市农林科学院蔬菜研究中心培育。抗 TY 高端特色番茄新品种。无限生长，中熟。抗番茄黄化曲叶病毒病（TYLCV），生长势及综合抗性强。果实正平圆，成熟果红色亮泽。单果重 50 g 左右，果肉硬、果皮韧性好，耐裂果、耐贮运性好，可成串采收，适合保护地长季节栽培。

彩玉 1 号：北京市农林科学院蔬菜研究中心培育。无限生长，中熟。果实长卵形带突尖，成熟果红色底面镶嵌金黄条纹。单果重 35 g 左右，品质上乘。适合保护地栽培。

千禧：农友种苗有限公司培育无限生长型，粉色樱桃品种。果实椭圆形，单果重约 18～22 g。糖度 9.6%，风味极佳。硬度好，不易裂果，耐贮运。适宜露地、早春和秋延栽培。

夏日阳光：以色列海泽拉优质种子公司培育口感极佳的黄色樱桃番茄。植株生长强壮，产量很高。果实圆球形，平均重 20～25 g，可溶性固形物含量达到 8.5～11。高抗黄萎病（Vd），枯萎病生理小种 1 号（Fol race 1），番茄花叶病毒（ToMV），适合春保护地及越冬温室栽培。

浙樱粉 1 号：浙江省农业科学院蔬菜研究所培育。无限生长，生长势强，早熟，始花节位 7 叶，花序间隔 3 叶，总状/复总状花序，每花序花数为 13～18 朵；连续坐果能力强，总产量达 4 400kg/亩以上；果实圆形，幼果淡绿色，有绿果肩，果表光滑；成熟果粉红色，色泽鲜亮，着色一致；可溶性固形物含量 9%以上，风味品质佳；果实大小均匀，单果重 18 g 左右，畸形果少；具单性结实特征，耐高低温好，栽培中可不用人工激素点花，省工省力。

浙樱粉 2 号：浙江省农业科学院蔬菜研究所培育。无限生长，生长势强；中早熟，坐果性佳，亩产 6 000 kg 以上。果实高圆，大小均匀，裂果和畸形果少，成熟果粉红色，色泽鲜亮，单果重 25 g 左右，商品性好；风味品质佳；经抗性鉴定，含有 TY3a 和 Mi1 抗性基因，兼抗黄化曲叶病毒病和根结线虫病。丰产、优质、综合抗病性强，适合我国樱桃番茄保护地栽培区域种植，尤其适合夏秋季种植。

# 第三章　番茄露地栽培技术

## 一、春露地番茄高效栽培技术

### 1. 品种的选择

应根据不同地区的栽培形式、栽培目的、气候特点等，选择适宜本地区的品种。要求早熟的还应选择中早熟或自封顶类型品种。要求采摘期长的选中晚熟无限型品种。基地番茄栽培还要选择厚皮硬肉耐贮运的品种。一般春露地番茄栽培应选择高产、耐高温高湿、高抗病毒病和耐根结线虫的品种。

### 2. 育苗

（1）**播种时间**　播种时间。春露地栽种的番茄最适宜的播种期要根据当地终霜期、所选用品种的熟性及育苗条件来确定一般为终霜期（番茄定植期）往前推 60～80d。

（2）**浸种催芽**　播种前将种子放入 50～55℃温水中，并不断搅拌至水温 30℃左右时浸泡 3～4h 捞出后晾干表皮水分用洁净的湿布包好在 25～30℃条件下催芽 3～4d。

（3）**播种方法**　播种前苗床浇足底水，底水渗下后，在畦面上撒一层细土，厚约 1cm 随即撒播催芽的种子，散播均匀。撒籽后覆盖一层细土，厚约 0.5～1cm。

（4）**苗期管理**　苗期温度管理对番茄生长发育影响很大，番茄是喜温作物花芽分化期始于二叶一心时，如幼苗期夜温长期低于 12℃将影响花芽分化，畸形果多番茄育苗可采用变温管理，即播种到苗齐，白天温度 28～30℃，苗齐到定植白天温度 25℃左右，整个苗期夜温 15～18℃，不能低于 12℃。阳畦育苗的，因早春温度往往较低，一般不需要通风。培育壮苗要多见光，无论阴晴雨雪，白天都要揭草苦常透光。

水肥管理以防止番茄幼苗徒长为目的，配好营养土后整个苗期不施提苗肥，尽量少浇水，忌大水漫灌，土壤干燥时可向床面喷水或撒干细土保墒。

育苗期间要做好苗期病虫害的防治。低温高湿易发生苗期猝倒病，播种前（底水渗后撒药土前）在床面喷施 72%普力克 800 倍液，播种覆土后再重喷 1 次防治猝倒病；用 50%锌硫磷拌麦麸撒于埂上防治蝼蛄；分苗后，喷淋 30%瑞苗清 2 000 倍液防治立枯病；苗期适时喷施 70%艾美乐 3 000 倍液和 25%灭幼脲 3 号 1 500～2 500 倍液防治蚜虫和潜叶蝇；在番茄 3～4 个真叶时喷施 1 次病毒 A 防治病毒病。

露地早熟栽培定植时气温偏低，番茄定植前需进行低温适应性锻。炼苗的主要措施是逐渐降低苗床温度，特别是夜温。炼苗一般从定植 7～10d 开始进行，每日逐渐降低温度，定植前 1～2d，苗床覆盖物完全撤去，温度与露地接近。

**3. 整地做畦**

种植番茄应选土层深厚、排灌方便、疏松、富含有机质的田地，忌与茄科作物连作，定植前耕深要达到 25～30cm，提高土壤的保水保肥能力，每亩需施用优质腐熟农家肥 5 000 kg、复合肥 30 kg、过硝酸钙 100 kg。将肥料与田土充分混匀后做畦，畦宽 60cm，畦高 15cm。上覆地膜，地膜周边要用土压实。

**4. 定植**

**（1）定植期**　适时早定植可使春露地番茄早结果、早上市同时可减轻病毒病为害。但也应根据当地气候条件而定，在无保护条件下，应在晚霜过后，低温稳定在 10℃以上，日平均气温 10～15℃，日最低气温 0℃以上。番茄春露地栽培前期可以使用塑料小拱棚覆盖，提早定植期，一般小拱棚覆盖其定植期可以提前一周左右，后期可以撤去覆盖物。

**（2）定植密度**　番茄定植的密度需要根据番茄的品种来定，因为番茄品种决定着番茄的生育期和整枝的方式。对于早熟番茄，一般般畦宽度 1m，番茄之间的距离为 30cm，1 亩解栽培 5 000～6 000 株，晚熟的番茄栽培 3 500 株。

**5. 田间管理**

**（1）水分管理**　番茄浇水应根据番茄作物的生育期或需水时期以及当地的降水等情况确定浇水时间和每次浇水量。一般而言。浇定植水后，3～7d 浇一次缓苗水，浇缓苗水的时间和水量应根据天气、苗情和墒情等灵活掌握。天气晴朗、气温较高可以适当早浇、大浇缓苗水。反之，则需迟浇、小浇。缓慢水后，应当控水"蹲苗"。

待第一穗果最大果实达 3cm 左右时结束"蹲苗"，浇一次大水，并随水追肥。以后每隔 10d 左右浇 1 次水，盛果期可以缩短浇水间隔时间，7d 左右浇 1 次水。结果期应当保持土壤湿润均匀，防治忽干忽湿造成裂果和烂果。

**（2）追肥管理**　追肥由少到多，由稀到浓，盛果期时应重施，每收一次果，追一次肥，整个生育期宜追肥 4～6 次。

**轻施发棵肥**：定植后 7～10d，施人粪尿 500 kg/亩，或用复合肥 15～20 kg/亩随水 300 kg/亩浇施，然后中耕培土，适当蹲苗，促进根系生长，防止"疯秧"。

稳施催果肥：第 1 穗果的直径长至 1.5～2.5cm 时，是重点追肥期，通常这次追肥应占总追肥量的 35％。追肥以氮肥为主，结合施入少量磷、钾肥，一般用硝酸铵 15～20 kg/亩或尿素 10～15 kg/亩、过磷酸钙 10～15 kg/亩、复合肥 10～15 kg/亩，或人粪尿 500～800 kg/亩、草木灰50～80 kg/亩。

重施盛果肥：在第 1 穗果采收第 2 穗果长到直径 2.5～3.0cm 大小时施用盛果肥。一般施完全腐熟好的人畜粪液或沤制后的豆饼肥液 1 000～1 500 kg/亩，也可用三元复合肥 30～50 kg/亩或硫酸铵 15～20 kg/亩。这次追肥可根据留果穗多少，分 1～3 次进行。以后每采收一次果实，施复合肥 10 kg/亩，并喷施 1％磷酸二氢钾、0.1％硫酸锌、0.2％硼酸混合液，每隔 7～10d 喷 1 次，可明显提高产量和维生素 C 含量。当长到 5～6 个花序后进行封顶，顶部保留 2 片功能叶，结果后期要及时清除下部的老叶、病叶、黄叶、密叶。每株留 5～6 串果，每串留 5 个果，及时将长得过密的花和果摘除，减少养分的消耗，使剩余的果有充足的养分供应，提高产量和商品性。

适施防衰肥：当第 3～4 穗果开始膨大时，追施防衰肥，延长结果期提高后期产量和品质。追施复合肥 20 kg/亩。当果穗留到 10 穗以上时，可根据长势适当增加追施次数。同时喷洒 1％尿素溶液、0.1％～0.2％磷酸二氢钾溶液、0.1％硼砂混合液 40～50 kg/亩，5～7d 喷 1 次，连喷 2～3 次，延缓衰老，延长采收期。

**（3）中耕除草** 露地番缓苗后，应及时中耕保墒，以后连续中耕 2～3 次，中耕可以提高地温，保持土壤水分，促使根系向深处生长，中耕还可以起到去除田间杂草的目的。特别是在早春土温较低、空气干燥的情况下，中耕效果更明显。

**（4）植株管理** 整枝一般采用单干整枝法，但整枝一定要早，可在侧芽长到 6～7cm 时，选晴天上午进行，以利伤口愈合，避免病从伤口侵入。无限生长型番茄的品种，生长过程中要进行搭架、绑蔓。待秧苗长到 30cm 左右及时插架、绑蔓。植株生长中后期，适当摘除下部的老叶，以减少养分消耗，改善通风透光条件。植株及时疏花疏果和防脐腐病果是夏收番茄栽培的重要技术。无限生长型番茄品种每株留果 6～7 穗，每穗留 3～4 个果。后要及时打顶，提高坐果率，促进果实成熟。疏果时，一般留 3 个果穗，第 1～2 穗果各留果 2～3 个，第 3 穗果留 3～4 个，这样可使养分运输集中，果大质优。

**（5）适时采收** 番茄花后 40～60d 果实即可成熟，其成熟有绿熟、变色、成熟、完熟 4 个时期。若直接食用或就地出售应在成熟期采摘（果实的1/3 以上变红）；运输出售可在变色期采摘（果实的1/3 变红）；储存保鲜可在绿熟期采摘。采收时用剪刀齐果蒂处剪下，轻轻放在纸箱内。

# 二、秋露地番茄高效栽培技术

秋茬番茄所处的环境条件与春番茄相反，苗期和前期高温多雨或高温干旱，幼苗生长速度快，容易受病虫侵袭，花芽分化发育较差。落花落蕾较重。后期温度逐渐下降，光照减弱，果实发育缓慢，果实着色不良，甚至容易受到低温、霜冻的危害。因此，应根据相应的条件调整栽培措施。

**1. 品种的选择**

秋番茄必须选用耐热、生长势较强、无限生长型的品种。同时由于近年来番茄病害危害严重，应兼顾选择抗 TY、抗根结线虫病等具有多重复合抗性的番茄优良品种。

**2. 培育壮苗**

**（1）适时播种** 根据定植期，计算好播种期。秋季番茄育苗提倡小苗，因为夏季育苗生长速度快，所以 35～40d 苗龄即可。

**（2）育苗条件** 本茬育苗周期较短，推荐用营养钵或穴盘点播育苗。育苗可以在露地培育，但是需要做好以下几点：在苗床四周开挖排水沟，即把育苗床作成高台状，防止大雨后积水淹苗；在育苗床表面覆盖遮阳网或其他遮阳材料，出苗后根据天气情况适时覆盖和去除，一般在中午阳光强烈时覆盖遮阳网，早晚及时去除，使幼苗充分见光；夏季暴雨较多，应准备塑料薄膜，在暴雨来时提前加盖塑料薄膜遮雨，但在暴雨后应及时拆除，特别是暴雨后天气突然放晴，薄膜撤出不及时容易烤苗。

**（3）苗床管理** 遮阳防雨设施内一定要充分通风，以降低棚内温度；浇水最好在上午进行，避免中午或下午浇水，中午浇水高温易激苗，下午浇水幼苗易徒长；叶面喷洒磷酸二氢钾液等叶面肥壮苗；夏季育苗，猝倒病等发生严重，应及时防治。

夏季番茄育苗，不宜分苗，也不宜过度控制水分，以防番茄苗老化、僵化。

**3. 定植**

定植前及时清理棚内病株残体，而后对土壤进行深翻晒垡。每公顷施用充分腐熟的农家肥 75 000 kg、复合肥 1 500～2 250 kg、硫酸钾 300 kg、磷肥 1 200～1 500 kg 作为基肥，并将各种基肥混匀后进行人工条施或穴施。

番茄苗 5～6 片真叶、苗高 18～20cm 时选用无病虫无损伤的壮苗定植。番茄定植宜在无风的阴天进行。边移栽边浇定根水，株距 45～50cm，行距 50～60cm。定植时幼苗不能接触基肥，以避免引起烧根造成幼苗死亡。

**4. 田间管理**

**（1）水分管理**　水分管理是秋茬露地番茄栽培的关键。在炎热的夏季，为降低地温，防止病毒病，应经常灌水。但是水分过多，尤其是土壤积水，很容易引起植株徒长，加重落花落果，因此，必须选择排水良好的壤土或沙壤土，进行高垄栽培，做到能灌能排。一般2～3d浇1次缓苗水，以后每3～5d浇1次水，不蹲苗。浇水或降雨后及时浅中耕，并适当培土护根，雨后及时排涝。坐住果后4～5d浇一次水。

**（2）追肥管理**　夏季番茄容易徒长，植株出现旺长时，可以进行深中耕，以达到断根控旺的目的。也可叶面喷施控旺剂进行控旺，同时与磷酸二氢钾和硼肥结合使用，促进植株健壮生长和开花坐果。第1穗果坐果后（核桃大小）及时施膨果肥，一般每亩施尿素5 kg和三元复合肥15～20 kg，以促进果实快速膨大。当第2穗果实坐住时，随水施第2次肥，此时植株开始进入坐果旺盛期，要逐渐增加追肥量，一般每隔7～10d随水追肥1次，每次每亩追施尿素10～15kg，三元复合肥30 kg。在番茄结果盛期和中后期，结合打药进行叶面追肥，可喷施磷酸二氢钾液或尿素液等。每7～10d喷施1次。结果期在番茄果实表面喷施钙肥，不仅可预防脐腐病还可增强番茄果实的抗裂能力。

**（3）植株管理**　开花前及时用竹竿和绳子进行搭架绑蔓，以防植株倒伏，采用"8"字形绑蔓，松紧适宜，20cm高绑1次。生长期结合追肥进行2～3次中耕培土，但注意避免伤害根系，保持土壤疏松，田间无杂草。

秋茬露地番茄多采用单干整枝、双干整枝的方式。单干整枝即每株只留1条主茎，其余侧枝全部摘除，主干在7～8穗花序时摘心，是最主要的方式。双干整枝即除留主干外，再选留第1花序下的第1侧枝作为第2结果主枝，将其他侧枝及再生枝全部摘除。

番茄在生长结果期间，长出的分杈要及时打掉，以免分散和消耗植株营养，降低产量。番茄生长中后期应及时清除下部老叶、黄叶、病叶、密叶，打叶按"摘老不摘嫩，摘黄不摘绿，摘内不摘外，摘病不摘壮"的原则进行。夏秋季番茄花数多、结果多，必须及时进行疏果。

**（4）采后处理**　夏秋季番茄进入秋季陆续采收，下霜前必须全部收完，收下的白熟果可以放到室内，用乙烯利进行人工催熟。

# 第四章　番茄日光温室栽培技术

## 一、早春日光温室番茄栽培技术

### 1. 品种选择

应选用大架无限生长型且耐低温、弱光、高温和不易徒长的品种，如果定植期较晚，为抢早熟上市，也可采用矮架有限生长型品种。但有限生长型品种总产量较低，5月以后温度升高易早衰染病。

### 2. 播种育苗

**（1）播种期**　适时播种，一般华北地区早春茬番茄是11月下旬至12月上旬育苗，1月下旬至2月上旬定植，3月下旬至4月上旬开始采收。

**（2）播种量**　选色泽好、子粒饱满，发芽率85%以上合格种子，每亩用种量20～30 g。

**（3）种子消毒处理方法**

温汤浸种：用53～55℃温水，浸泡20～30min，期间不断搅动。再放入自然冷水中浸泡4～6h，即可催芽或直播。

药剂浸种：10%磷酸三钠溶液浸泡15～20min，然后用清水冲洗干净，再浸泡4～6h，即可催芽或直播。

**（4）催芽**　把充分吸水的种子用湿毛巾包好，放在温度为25～28℃火炕上或电热恒温箱中。每天用自来水冲洗一次，经2～3d，大部分种子"露白尖"发芽时，即可播种。

**（5）播种育苗方式**　常用的育苗方式有温室电热温床育苗和温室不加温冷床育苗。

**（6）苗床土的准备**　一般用肥沃园田土与有机肥按体积比1∶1混合配制而成。播种前浇足底水。

**（7）播种**　把催过芽或浸泡过的番茄种子均匀撒在苗床上或点播于容器内，种间距约1cm，盖上"蒙头土"，厚度约1cm。注意保湿加温，有利提早出苗。

**（8）苗期管理**　播种后苗床温度白天保持25～30℃，夜温保持20℃以上。幼苗出齐后应适当通风，增加光照，进行降温管理。水分管理上，前期一般不用浇水，中后期如有缺水卷叶现象，可适当点水，分苗前要浇水，以土壤润透即可。

### 3. 穴盘育苗

选择种子发芽率大于 90％以上的种子，播前用温汤浸种法浸泡，风干后每穴播种一粒种子，72 孔盘播种深度＞1.0cm；128 孔、200 孔和 288 孔盘播种深度为 0.5～1.0cm。播种后覆盖蛭石，播种覆盖作业完毕后将育苗盘喷透水，使基质最大持水量达到 200％以上。

播种后白天 28～30℃，夜间 20℃保持 3～4d，当苗盘中 60％左右种子种芽伸出，少量拱出表层时，适当降温，日温 25℃左右，夜温 16～18℃为宜。当温室夜温偏低时，考虑用地热线加温或临时加温措施，温度过低出苗速率受影响，小苗易出现猝倒病。苗期子叶展开至二叶一心，水分含量为最大持水量的 65％～70％。二叶一心后夜温可降至 13℃左右，但不要低于 10℃。白天酌情通风，降低空气相对湿度。苗期三叶一心后，结合喷水进行 1～2 次叶面喷肥。三叶一心至商品苗销售，水分含量为 60％～65％。

一次成苗的需在第一片真叶展开时，抓紧将缺苗孔补齐。用 72 孔育苗盘育番茄苗，大多先播在 288 孔苗盘内，当小苗长至 1～2 片真叶时，移至 72 孔苗盘内，这样可提高前期温室有效利用，减少能耗。

春季番茄穴盘育苗商品苗标准视穴盘孔穴大小而异，选用 72 孔苗盘的，株高 18～20cm，茎粗 4.5 mm 左右，叶面积在 90～100 m²，达 6～7 片真叶并现小花蕾时销售，需 60～65d 苗龄；128 孔苗盘育苗，株高 10～12cm，茎粗 2.5～3.0 mm，4～5 片真叶，叶面积在 25～30 m²，需苗龄 50d 左右。秧苗达上述标准时，根系将基质紧紧缠绕，当苗子从穴盘拔起时也不会出现散坨现象，取苗前浇一透水，易于拔出。冬春季节，穴盘苗运输要防止幼苗受寒，要有保温措施，近距离定植的可直接将苗盘带苗一起运到地里，但要注意防止苗盘的损伤，可把苗盘竖起，一手提一盘，也可双手托住苗盘，避免苗盘打折断裂。

### 4. 嫁接育苗

番茄的嫁接栽培在我国起步比较晚，目前北方地区日光温室中由于多年连作，使包括根结线虫在内的土传病害日趋严重，通过嫁接防治土传病害将会越来越重要。近年来在我国一些地区有少量发展，如北京蔬菜研究中心开展了番茄砧木品种的选育，如果砧 1 号，该品种是番茄、茄子专用砧木品种，抗枯萎病、黄萎病、根结线虫、TMV 和叶霉病。但目前使用的砧木大多引自国外，如耐病新交 1 号、影武者、安克特等。嫁接方法有靠接、劈接、斜切接、插接等。其中劈接和斜切接适于初学者，容易掌握。

（1）嫁接育苗技术　劈接法：先将砧木苗于第二片真叶上位处用刀片切断，去掉顶端，再从茎中央劈开，向下切入深约 1.0～1.5cm。再将接穗苗拔下，保留 2～3 片真叶，用刀片削成楔形，楔形的斜面长与砧木切口深相同，随即将接穗插入砧木的切口中，对齐后，用夹子固定好。

斜切接（贴接）：用刀片在第二片真叶上方斜削，去掉顶端，直接形成 30°左右的斜面，长约 1.0～1.5cm。再将接穗苗拔下，保留 2～3 片真叶，用刀片削成一个与砧木相反的斜面，大小与砧木的斜面一致。然后将砧木的斜面与接穗的斜面贴合在一起，用夹子固定上。

**（2）嫁接苗的管理**　番茄接合愈合期约 8～9d。温度白天保持 25～28℃，夜间 18～20℃；嫁接后 5～7d 内空气湿度应保持在 95％以上，有利于提高成活率。7～8d 后可逐渐增加通风量与通风时间，但仍应保持较高的空气湿度直至完全成活；嫁接后的前 3d 要全部遮光，避免阳光直射秧苗，以后半遮光（两侧见光），逐渐撤掉覆盖物。嫁接苗成活后及时摘除萌叶，保证砧木对接穗的营养供给。

### 5. 定植

**（1）定植前的准备**

整地与施肥：彻底清除前茬作物的枯枝烂叶，进行深翻整地，改善土壤理化性，保水保肥，减少病虫害。定植前要施足底肥，一般亩施 5 000 kg 有机肥，有机肥应充分腐熟。

做畦：以采取小高畦扣地膜和宽窄行垄栽畦为最好。

小高畦扣地膜：将地整细耙平，按畦宽 100～120cm 画线，劈沟，做成畦高 10～15cm、畦面宽 60cm 的小高畦。然后覆盖地膜并压土，步道沟踩实。

宽窄行垄栽畦：按畦宽 100～120cm 画线，用镐两边开沟，沟宽 20～25cm。开沟所起的垄即为定植时栽番茄苗所用，垄宽 15～20cm，压实畦垄。

定植密度：留 4～5 穗果，单干整枝株距 30～33cm，3 200～3 600 株/亩；留 5～6 穗果，单干整枝株距 33cm 左右，3 000～3 200 株/亩；留6～8 穗果，单干整枝株距 35～40cm，2 800～3 000 株/亩；双干整枝株距 70～80cm，1 400～1 500 株/亩。

**（2）定植**

暗水穴栽法：用于地膜覆盖移栽。按一定株、行距开穴，将苗坨放入穴内，埋少量土，从膜下灌水，灌水后封穴。此法地温高，土壤不板结，幼苗长势强。

卧栽法：用于徒长的番茄苗或过大苗定植。栽时顺行开沟，然后将幼苗根部及徒长的根茎贴于沟底卧栽。此法栽后幼苗高低一致，茎部长出不定根，增大番茄吸收面积。

### 6. 定植后管理

**（1）温度管理**　番茄生长适宜温度白天为 25℃左右，夜间 13～15℃。早春日光温室，定植后相当长的一段时间内，由于外界低温，应以保温增温为主。不盖地膜的要多中耕松土，以提高地温，促进植株发根、缓苗。缓苗后开始通风换气，降温排湿。通风要逐步进行，先开天窗通上风、通小风，再逐渐加大通风量，使白天温室温保持在 20～25℃，夜间 12～15℃，空气相对湿度在 60% 左右，蹲苗以防止其徒长。期间，如遇寒流，应及时关闭通风口并在夜间加盖草苫。夜间必需加盖保温被、蒲席或草帘。晴天阳光充足，室温超过25℃要放风，午后温度降至 20℃ 闭风。开花坐果期，温度低于 15℃ 时，授粉受精不良，易落花。果实膨大期，前半夜 16～15℃，后半夜 14～13℃；4 月初，夜间可不再加盖保温覆盖物。当春季温度回升，外界最低气温稳定在12℃ 时，可昼夜放风。5 月中旬至 6 月上旬，随着光照时间的延长和光照强度的增强，为防止强光灼果，中午可盖草帘遮挡强光，有条件的最好盖银灰色遮阳网。

**（2）水分管理**

定植水：不宜浇大水，以防温度低、湿度大，缓苗慢，上病。

缓苗水：在定植后 5～7d 视苗情，选晴朗天气的上午浇暗水（水在地膜下走）或在定植行间开小沟或开穴浇水。

催果水：第一穗果长至核桃大小时浇 1 次足水，以供果实膨大。

盛果期水：第二穗果膨大至拉秧浇几次水。这个阶段不断开花、结果、采收，生长量大，加上温度不断提高，放风量加大，水分蒸发、植株蒸腾随之加大，因此需水量也大。原则是要在采收后浇水。

**（3）追肥**　一般追两次催秧促果肥。第一穗果实膨大（如核桃大）、第二穗果实坐住时追施，每亩用尿素 20 kg 与 50 kg 豆饼混合，离根部 10cm 处开小沟埋施后浇水，或每亩随水冲施人粪尿 250～500 kg。第二穗果实长至核桃大时进行第二次追肥，每亩混施尿素 20 kg 加硫酸钾 10 kg。还可喷洒叶面肥，即根外施肥。

**（4）搭架和绑蔓**　番茄一般长到 30cm 还不设立支架，易发生倒伏现象，不但影响田间管理，也有碍于通风透光。因此，设立支架并绑蔓，使其依附支架直立生长。留 3～4 穗果多采用竹竿或秸秆为架材。留 5～8 穗果时视大温室结构的结实程度，也可以采用绳吊蔓。温室内一般搭成直立架，便于通风透光。绑蔓一般每穗果下绑蔓一次，塑料绳吊蔓不需绑蔓，只要将吊绳绕在植株上即可，以后视果实采收情况和植株的高度，不断将植株往下降，以利于上部结果。

**（5）植株调整**　植株调整包括整枝、打杈、摘心、疏花果、打老叶等。

整枝打杈：根据预定要保留的果穗数目进行。当植株达到 3～4 或 5～8 穗果时掐尖，在最后一穗果的上部要保留 2 个叶片。留 3～4 穗果多用单干整枝，只保留主干，摘除全部侧枝；5～8 穗果可采取双干整枝，除主枝外，还保留第一花序下的侧枝。在打杈过程中，要防止人为地传播病毒病，先打好的，在摘心、打杈、扭枝、摘叶的前一天，检查棚内植株，拔除病株。再打病株（少的话可把病株拔掉）。

保花保果与疏花疏果：早春茬番茄由于温室昼温高夜温低、湿度大，致使花器发育不良，不以正常授粉受精，再加上光照不足，植株徒长及其他管理上的不当，故而落花落果较重。要保证前期产量，必须采取措施防止落花落果。除加强栽培管理外，主要措施是利用生长调节剂。目前常用的生长激素有两种，一种是 2,4 - D，使用浓度为 0.01‰～0.02‰。（在配好的药液中可加入少量蓝墨水，作为蘸过花的标志），于每天上午 8～9 时用毛笔蘸药液涂抹在刚开放的花的花萼上。注意勿将药液滴到茎叶上。配药浓度一定要准确。因为浓度稍高一点就会导致产生畸形果。不可重复蘸花，否则也会出现畸形果。另一种生长激素是对氯苯氧乙酸（又称防落素、PCPA），既可用于蘸花，又可用小型喷雾器喷雾，使用浓度为 0.03‰～0.04‰。前 3 穗花开时，及时采用 2，4 - D 或防落素等促进保花保果的生长调节剂处理。当每穗留 3～4 个果，对畸形果和坐果过多，要及时采取疏果措施。疏果适宜时间是在果实长到蚕豆大小时进行，选择健壮、圆正着生于向阳处的大果，不要留"对把果"。

摘心：根据需要，当植株第 3～4、5～6 或 7～8 穗花序甩出，上边又长出 2 片真叶时，就要把生长点掐去，可加速果实生长、提早成熟。

打老叶：到生产中后期，下部叶片老化，失去光合作用，影响通风透光，可将病叶、老叶打去，并深埋或烧掉。

**7. 采收**

番茄果实熟期可分为绿熟期，白熟期、黄熟期、成熟期和完熟期。日光温室春茬为了提早成熟，可用乙烯利催熟，也可在植株上催熟。具体方法是800～1 000 ppm 乙烯利溶液，戴棉线手套，浸湿后轻轻涂在已达到白熟期的果实表面，可提前 4d 成熟。也可采后催熟，具体方法是将白熟期的果实在2 000ppm 乙烯利溶液中浸 1～2min 后，码放在 25℃、不受强光暴晒的条件下，4～6d 即可上市。

# 二、日光温室秋延后番茄栽培技术

## 1. 品种选择

日光温室秋延后番茄苗期气温较高，定植后适温生长，结果期气温下降到全年最低气温。因此在品种选择上要选用抗病能力强和耐低温弱光的品种。

适宜日光温室秋延后番茄品种有金棚一号、蒙特卡罗、108 金搏、中杂 8 号等。

**2. 播种育苗**

**（1）秋延后播种期**　华北地区一般 7 月底至 8 月初播种最为适宜。

**（2）播种量**　亩用种量 25～35g。

**（3）浸种催芽**　在浸种催芽之前要先进行种子消毒处理。夏季育苗主要预防番茄病毒病的发生，用 2％氢氧化钠 100 倍药液或 10％的磷酸三钠药液处理种子，可以起到钝化番茄花叶病毒的作用。先用温水把种子泡湿，再用药液浸种 20～30min 浸种结束后，用清水反复冲洗，将种子上残留的药液冲洗干净。

采用温汤浸种，水温在 53～54℃，浸泡 20min 后捞出，再放入 30℃左右的温水中浸泡 5～6h，种子吸足水分，捞出直接播种或催芽。

浸种后将湿种子用透气性良好，洁净潮湿的纱布或毛巾包好，放在温度为 25～28℃的环境中催芽。

**（4）育苗床的准备**　播种时气温较高且多雨，为了防止雨水拍打幼苗，播种早者应设防雨棚。同时，为了防止苗期受蚜虫危害，最好在播种畦上加设防虫网，能有效预防病虫害。应在露地选前茬未种植过番茄、地势高，易排水的地块，做成防雨、防蚜播种畦，小拱棚高 80cm 左右即可。一般先播种，后扣棚。播种前，应先把苗床周围的杂草清除干净，以防杂草中潜藏蚜虫、茶黄螨、斑潜蝇等危害幼苗。每亩需准备播种床 10～15 m²，畦面整平待播。日光温室秋延后番茄育苗期较短，最好选用 200 孔、128 孔穴盘或 5cm 塑料钵为播种容器。

**（5）苗床土的准备**　秋延后番茄苗龄短，塑料钵育苗用肥沃园田土加适量草炭按 2∶1 或 3∶1 混匀；穴盘育苗按照草炭加蛭石按 3∶1 混合，并按每立方米加番茄专用苗肥 1 400 g，充分混合均匀。

**（6）播种**　播种当日清晨，先将苗床土浇透，使床土 8～10cm 土层含水达到饱和；如果是用育苗盘播种，掌握见盘下渗出水的程度为宜。底水渗下后，在床土上撒一层过筛无肥的细潮土，以防种子与泥泞床土直接接触，影响发芽。撒完底土即可播种；将出芽的种子与洁净细砂拌匀，用手均匀撒播；要求种子间距 2～3cm 为宜。

覆土保墒与覆盖保湿：种子播后应立即覆土，使用过筛，无肥料的细潮土，覆土厚度为 8～10 mm。覆土过厚，出苗困难，易形成"顶盖"现象。覆土过薄，种皮不宜脱落，出现幼苗"戴帽"现象，影响子叶伸展。为防苗期土床病害，可拌成药土撒在种子上，之后再覆土。药土可用 50％多菌灵，每平方米用药 8～10 g，加土掺匀后撒于种子之上，再覆盖细土 0.6～0.8cm。细土上加盖报纸保湿，扣好防雨小棚并在午间加盖遮阳网，待小苗拱土后撤去报纸。

**（7）苗期管理**  撤除报纸时，覆盖湿润土 0.5cm，子叶出土后，再覆盖土 0.5cm。子苗期不浇水。穴盘育苗必须浇水 2～3d 一次，时间半个月左右。

子苗二叶一心时分苗，一般播种后 25d 左右进行。分苗过早，苗小不易成活；分苗过晚，秧苗过分拥挤，造成徒长。为防止萎蔫，可随分苗随喷水，待全畦栽完浇 1 次透水。也可将小苗分在 54 孔育苗盘中。缓苗后，用铁丝钩进行行间松土保墒，根据幼苗叶色变化决定浇水时间。早播者，夜温过高时，可浇水降温；晚播者，分苗后外界气温偏低，应注意夜间保温，白天注意放风。早播者苗期应注意预防徒长，控制徒长从两方面着手：

大量施腐熟有机肥提高土壤溶液浓度，土壤溶液浓度高，则需不断浇水，特别是浇夜水，可起到降低地温之效果。只有多施肥才能多浇水，而且还不会徒长，又达到降温作用，加之肥水充足，植株健壮，可抵御病毒病，可谓一举三得。因此夏秋季加大施肥量是有利防病，防徒长，增产的积极措施。

使用矮壮素：喷洒促使植株矮壮的生长调节剂，对于预防徒长有一定效果，一般可用 0.05 矮壮素或 0.007 5%～0.01% 的多效唑，在幼苗 3～4 片叶和 6～7 片叶时。各喷一次。但矮壮剂使用过量，会抑制植株生长，过度矮化则减产，必须慎用。

**3. 定植**

**（1）定植前的准备**  定植前 15d 左右扣棚膜，棚膜选用聚乙烯长寿无滴膜或厚度 0.10 mmEVA 多功能复合膜，旧棚室扣棚后要进行高温烤畦 5～7d，烤畦的同时进行棚室消毒，按 100m² 使用硫磺粉 250 g 加锯末 500 g 在棚室内均匀布点，点燃熏蒸 24h。

彻底清除前茬作物的枯枝烂叶，进行深翻整地，一般翻深 25～30cm，充分晒垡，改善土壤理化性，保水保肥，减少病虫害。定植前要施足底肥，一般亩施 5 000 kg 有机肥，有机肥应充分腐熟。

小高畦扣地膜：将地整细耙平，按畦宽 100～120cm 划线，劈沟，做成畦高 10～15cm、畦面宽 60cm 的小高畦。然后覆盖地膜并压土，步道沟踩实。

定植密度：一般亩定植早熟品种 3 200～3 600 株，中晚熟品种 2 500～3 000株。

**（2）定植期及定植方法**

定植期：番茄定植期间的适宜温度 25～28℃，夜间不低于 18℃，土壤温度要高于 12℃，20～25℃ 为适宜。华北地区日光温室秋延后定植时间在 8 月下旬至 9 月上旬。

定植方法：苗龄 30～45d 定植，定植埋土不宜过深，有效防治死苗的埋土深度是以子叶下 1cm 为宜。定植壮苗，从外观看苗高 15～20cm，茎秆硬实，具有4~5片真叶，有光泽，叶片舒展；根系布满土坨，侧根白色，无病虫害。

**4. 定植后管理**

**（1）温度管理**　定植后外界气温适宜番茄植株生长，温室前排地面1 m高无薄膜，棚顶部亦留风口，昼夜通风。9月下旬以后，天气渐凉，可将温室前近地面处安装薄膜，但仍保持通风，当夜间降到14℃时，夜间应闭合通风口，注意防寒。晴天中午棚温度高于28℃要进行放风降温。进入10月，要随着外界气温的降低放风口由大到小的原则管理。10月下旬应加盖蒲席或草苫，并按变温管理原则管理掌握温度。

第一阶段：上午8~13时，是确保充分光合作用的温度（25~28℃）；

第二阶段：下午13~18时，使温度与逐渐减弱的光照相适应，温度逐渐降至20~18℃；

第三阶段：前半夜18~24时，保持稍高的夜温16 ℃，以促进光合产物运转，并逐渐降温至13℃；

第四阶段：后半夜0~8时，保持较低的夜温10 ℃左右，阴天7~8℃，以减少呼吸消耗，保持体内的积累。

结果期随着气温逐渐降低，为节省能源可按大温差标准管理，夜温最低可维持到10~12℃水平。白天掌握在25~28℃，草帘采用晚拉、早放的原则。如果低于此水平，最好做短期补充加温。

**（2）增加光照**　进入12月光照渐差，每日应清洁透明屋面，减少积尘外，最好在北墙张挂反光幕。

**（3）肥水管理**　定植时浇一遍水，隔5~7d浇一次缓苗之后浇一遍水。进入蹲苗阶段。定植后到结果第一穗果膨大之前，如出现干旱时，可浇一次小水。一般第一果穗前期不宜浇水追肥。应在第一穗果核桃大小结束蹲苗时，进行浇水追肥，每亩施用硝酸钾60 kg，硝酸钙10 kg，尿素10 kg。第二穗果核桃大小时追第二次肥，每亩尿素15 kg，硝酸钾20 kg，硝酸钙10 kg。施肥浇水时应注意天气变化，阴天或寒流到来前严禁大水浇灌。冬季浇水也要浇温水，使用膜下暗灌或滴灌进行。

**（4）防止落花措施**　寒冬低温季节为了提高产量，日光温室秋延后番茄生产，应采取花蘸花保果措施，方法是在每穗花有2~3朵花开放，晴天无露水时蘸花或用微型喷雾器喷花，药液配制不要太浓，以防产生药害，造成减产，一般使用防落素或沈农2号。

**（5）植株整理**　番茄日光温室栽培采用单杆整枝，每穗花留果3~5个，第一穗果以下侧枝抹去的时间待侧枝长至8~10cm时抹去，以利于前期刺激植株根系的生长。第二穗果以上的侧枝可见即除，一般秋冬日光温室留3~5穗果，第一穗果转色后及时摘除底部老化叶片。

**5. 采收**

秋番茄越晚采收产量越高，特别是温室秋延后栽培的，根据市场需求和果实成熟期，采收期应尽量延迟。采摘少部果面转红至全部转红的果实，及时出售。最后一次性采收后应装筐贮藏，贮藏期间每5～7d翻动一次，挑选红果陆续上市。

# 三、日光（加温）温室番茄长季节栽培技术

长季节高架栽培应选择跨度大，仰角高的日光温室或连栋温室。20世纪90年代中期发展起来的高效节能日光温室的采光、增温和保温效果均比普通日光温室要好。但在北方寒冷地区设计的日光温室要求备有加温设施，以使在严冬季节连续雨雪的天气能够补充加温，提高室内温度，为番茄植株的正常生长创造良好的环境条件。由于长季节栽培生长周期长，对土壤环境要求相对较高，生产上应尽量避免重茬，前茬最好为非茄科作物。

**1. 品种选择**

日光温室越冬一大茬番茄经历秋冬春几个季节，环境变化幅度大，栽培难度较大，特别是对越冬环境要求严格。在品种选择上要选结果期长、耐弱光、低温、品质好、耐运输的无限生长类型。适合日光温室越冬一大茬番茄品种主要是硬果肉型的品种。

粉色大果品种：仙客1号、硬粉2号、硬粉8号、中杂101和105等；红果耐贮运品种：佳红6号、佳红4号、百利、189等；特色樱桃番茄品种有：绿宝石，京丹1号、3号、5号、8号，黄莺1号、粉玉1号、小黄玉等。

**2. 培育壮苗**

**（1）播期时期**　根据当地气候条件、品种特性等适时播种，华北地区一般7月中旬至8月中旬。

**（2）播种量**　亩用种量为单干整枝20～25 g，双干整枝10～15 g。

**（3）种子处理**　10%磷酸三钠溶液浸泡15～20min，然后用清水冲洗干净，再浸泡4～6h，即可催芽或直播。

**（4）苗床土的准备**　若采用穴盘或营养钵育苗，穴盘使用50孔育苗盘，营养钵使用9cm×9cm。育苗土可用草炭和蛭石以3∶1的比例掺匀，加入番茄育苗专用基质肥；若直接在地里育苗，选肥沃田园土搀入适量的腐熟优质有机肥。为减少病害，苗床土用50%多菌灵粉剂、50%福美双可湿性粉剂等量混合后，与400倍营养土混拌均匀即可。

**（5）苗期管理**　温度管理 播种后覆盖地膜，当60%～70%的幼苗出土后，傍晚时将地膜撤去。出苗期间白天25～28℃，夜间20℃，由于番茄长季

节栽培茬口的育苗期间正值仲夏高温季节，常常是持续高温。因此，降低温度是长季节栽培育苗期间的一大难题。在育苗床上面搭遮阳网，可以有效地减弱光照和因光照过强而造成的温度过高。出苗后降低苗床温度，避免形成高脚苗，地温控制在20℃左右。当幼苗长到2叶1心时，进行分苗。分苗后温度提高，白天25～28℃，夜间18～20℃，高温高湿有利于缓苗，心叶开始生长后降低温度。白天适宜气温22～25℃，夜间13～15℃，不低于10℃。此茬的苗龄在50～60d。

水分管理：子叶出土前要保持土壤湿润，待子叶出土后要适当控水。高温季节，幼苗期浇水应选在早、晚较为凉爽的时间，切忌中午温度最高时浇水。通常在子叶展开至真叶长出之前如果育苗土不太干可以不浇水。待真叶长出来后，以保持土壤见干见湿为宜。

苗期病虫害防治：立枯病可用50%福美双可湿性粉剂500倍液；猝倒病可用25%甲霜灵800倍液喷雾防治或用以上两种药配成毒土撒施。育苗棚室的门、窗和通风口应加罩30目的尼龙纱网，以防蚜虫、白粉虱和斑潜蝇入侵；张挂黄板诱杀成虫也能起到一定的防虫效果；早期发现少量蚜虫、白粉虱和斑潜蝇可采用扑虱灵、阿克泰和绿宝等新型高效低残留药剂，防治效果非常理想。

**3. 定植**

定植前把田间的残枝枯叶清理干净，深翻土地30cm。封棚高温灭菌10～15d，然后整地施肥做畦。一般每亩施入腐熟优质厩肥10 m²、消毒烘干鸡粪2 000kg、氮磷钾三元复合肥80 kg。做畦的方式主要有两种。一种是宽窄行开沟做畦。做畦规格为：宽行80cm，窄行60cm或70cm，沟深约15cm，并在沟内施入剩余40%厩肥、鸡粪和复合肥，然后封沟起垄，垄宽15～20cm，垄高10cm。待定植时，把苗栽到窄行垄的内侧，第一次中耕后扣膜。另一种是做小高畦，即按1.4m或1.5 m的畦间距开沟，沟宽50cm、深20cm。施入剩余40%的厩肥和鸡粪与复合肥，并与土混匀，在其上作成60cm或70cm宽、15cm高的小高畦，两畦间道沟宽80cm，在畦上铺设一道或两道塑料滴灌软管，畦面上覆盖地膜，最好选用银黑两面地膜。

在8月中下旬。依据天气预报，要选在无风的晴天进行，栽苗后最好能连续有两三天持续晴天，这样有利于缓苗。定植时要将大小苗分开定植，使植株将来的长势一致。番茄长季节高架栽培的种植密度要比普通栽培密度稀，一般为每亩栽2 100～2 500株。定植后浇水，可以穴浇，避免水量过大，地温下降，不利于缓苗。为防止强光导致刚定植的幼苗萎蔫，可在定植时将部分草苫放下。

**4. 定植后的田间管理**

**（1）缓苗前的田间管理** 定植后5～7d幼苗的心叶由暗绿转为嫩绿时，

浇一次缓苗水。缓苗期间的适宜气温为白天 28～30℃，夜间 18～20℃，10cm 地温 20～22℃。如温度过高，应加扣遮阳网，早、晚凉爽时小水勤浇，有利于尽快缓苗。

**（2）缓苗后的田间管理**　番茄长季节栽培的育苗和定植以后直到第一花序座住果时，一直是处在夏季和初秋外界温度较高的时期，因此应给予特殊的管理。一般比春季多浇两水。但切忌水量过大，否则会使植株营养生长过旺，影响坐果和前期产量。同时进行中耕，中耕不仅可以保墒、除去杂草，还可促进大量不定根的产生。

**（3）开花坐果期间的田间管理**　吊绳绑蔓由于长季节栽培的番茄主茎要比常规栽培的主茎长几倍，所以必须采用绳子高吊蔓系统，尼龙绳或塑料绳吊在温室上方的铁丝上，然后把植株的主茎缠绕在绳子上，让其不断往上延伸。在采收过程中，当下面的果穗成熟并采收完后，及时适量落蔓，茎蔓顺着畦的方向放落在畦面上，也可以以根部为中心进行盘绕，并适量覆细土以促进不定根的发生。长季节栽培一般采取单干整枝，当掖杈长至 10cm 左右时及时打掉，只保留一根主茎开花坐果。

浇水施肥：当第一穗果长至乒乓球大，第二穗已坐住果后，需要浇一次催果水，同时追施一次催果肥，施肥量掌握在每亩追施氮磷钾三元复合肥 10 kg。以后每周按此量结合浇水追施一次。在果实成熟期要控制浇水，特别是在采收前一天不能浇水，以减少裂果，提高商品果率。番茄坐果后，特别是进入 11 月，北方多数地区外界已经变得比较寒冷。对于长季节栽培番茄的温室来说，通风换气较为困难。尤其是在每天早晨，棚室内的 $CO_2$ 浓度降至最低。因此，需要进行 $CO_2$ 施肥，浓度以 700～1 000mL/L为宜。一般在每天日出后施用，封闭温室 2h 左右，放风前 30min 停止施放，阴天不施放。

温湿度管理：由于定植时正好处于七八月份的高温季节，所以前期注意降温。温室四周扣罩防虫尼龙网，打开天窗，在温室上部搭上黑色的遮阳网以降温。进入九月中旬温度偏低，应当适当采取保温措施。当外界夜间气温低于 15℃时，夜间应该封棚。白天应根据天气情况进行适量放风，以使温室内温度保持在 22～28℃。当棚内夜间温度低于 8℃，日光温室夜间要加盖保温被或草苫。连栋温室夜间要适当加温。封棚以后，室内湿度容易偏高，从栽培措施上，要尽可能使室内空气相对湿度维持在 50%～65%。到了寒冷季节，外界环境的气温已很低，番茄植株的整个生长发育都很缓慢，所以需加强保温措施。总之，要采取办法尽量提高温室内温度，以使番茄植株度过低温难关。膜覆盖温室，及时清除膜上的灰尘、积雪等物；日光温室番茄在越冬期可在后墙张挂反光幕，提高光照。

光照管理：采用透光性好的无滴薄膜覆盖温室，及时清除膜上的灰尘、积雪等物；日光温室番茄在越冬期可在后墙张挂反光幕，提高光照。

　　整枝打杈：在长季节栽培中一般采取单杆整枝。番茄生育后期叶片因病害发生或因下部叶片老化，失去光合作用，影响通风透光，已采收完果实的果穗下部的病老黄叶应及时打掉，减少养分消耗。整枝打杈最好选在晴天植株上没有露水时进行，有利于伤口愈合，减少病菌的侵染。如果田间有病株，特别是发现有感染病毒病的病株时，应先整理健株，再处理或拔除病株。

　　疏花保果：根据不同品种的花序长短、花数多少来决定疏花保果。一般普通中大果型的品种，每穗留果3～5个，樱桃番茄品种每穗最多留果50个，香蕉型、多彩型和梨型等特色品种每穗留果5～8个为宜。长季节栽培坐果期，寒冬低温季节为了提高产量，可采取保花措施，方法是在每穗花有3朵花开放，晴天无露水时蘸花或用微型喷雾器喷花，药液配制不要太浓，以防产生药害，造成减产，影响果实的商品性，一般使用防落素或保果宁2号。

　　长季节栽培中早衰的预防：长季节栽培中整个生长期长达十多个月，在实际生产中如果管理不好，植株容易早衰，表现为植株叶片薄而且小，颜色淡绿，上部茎细弱，下部叶片黄化；花器小，即使使用生长调节剂处理也不能坐果或座果少并且果实小，结果往往导致提前拉秧，总产量降低给生产者带来不小的经济损失。因此，生产者除了考虑选择合适的栽培品种以外，还要注意在整个生长期采取合理的栽培管理措施。在植株生长前期控制好水分和温度，浇水要适时适度，防止徒长；施肥方法不合理也是造成早衰的主要原因，所以应深施基肥；采用换头整枝来提高结果枝的生长能力，及时摘除畸形花、畸形果可防止早衰；生产管理上还要以防病为主，加强通风除湿，改善植株生长环境条件，提高健株率。

　　**（4）病虫害防治**　根据不同季节病虫害发病规律，重点防治的虫害有蚜虫、白粉虱、棉铃虫和斑潜蝇。可在温室放风口设置防虫网，室内张挂黄板诱杀。病害主要有病毒病、灰霉病、早疫病、晚疫病和叶霉病。通过加强田间管理，合理通风降湿；发病后及时摘除病果、病叶，集中烧毁或深埋。同时用高效低毒农药辅助防治病虫害。

　　**（5）及时采收**　当果实转色至7、8成熟果实稍硬时即可采收。若长途运输销往外地，则可适当早采2～3d，即在果实刚转色时采收。采收时间以傍晚无露水时为宜。结合采收果实可同时打去下部的病老叶，以利通风透光，并可防止病害发生。

# 第五章 番茄大棚栽培技术

## 一、春大棚番茄栽培技术

**1. 品种选择**

应选用抗病、早熟、耐寒、结果集中，丰产的品种。

**2. 播种育苗**

（1）**春大棚播种期**　适宜的播种期应根据当地气候条件、定植期和壮苗标准而定。适龄壮苗要求定植时具有6～8片叶，第一花序已显蕾、茎粗壮、叶色浓绿、肥厚、根系发达，达到此标准，苗龄70～80d。一般华北地区在1月中下旬播种。

（2）**播种量**　苗用种量20～30g。

（3）**种子消毒及浸种**　番茄种子容易携带病菌，引起烂苗和苗期病害。播种前要对种子进行灭菌处理。常用的消毒液有：1 000倍的0.1%高锰酸钾药液可以预防细菌性病害；100倍的2%氢氧化钠药液、10%的磷酸三钠药液可以钝化番茄花叶病毒。消毒方法是先用温水把种子浸泡2h，再用药液浸泡20～30min后，用清水反复冲洗，将种子上的残留药液洗干净。

种子做消毒处理之后，采用温汤浸种，水温在53～54℃，浸泡20min后捞出，再放入30℃左右的温水中浸泡5～6h，种子吸足水分，捞出直接播种或催芽。

（4）**催芽**　浸种后将种子捞出，放在干净的湿毛巾或是纱布上包好，包裹种子时要使种子保持松散状态，以保证氧气的供给。番茄种子的适宜催芽温度为25～30℃，每天用干净的温水冲洗一遍种子。当大部分种子破嘴露出白色胚根就可进行播种。

（5）**育苗床的准备**　春大棚番茄育苗在气温仍然较低的冬季进行，冬季育苗育床要建在阳光充足、不易积水、易于通风管理的加温温室内。为了提高地温，在有电源的情况下，最好使用电热线育苗。电热线育苗形成土温高的环境，有利于育成壮苗，提高苗的质量，缩短苗龄。它可用于温室、大棚、阳畦等各种设施内苗床的土壤加温。

育苗床的宽度一般在1.2～1.5 m，畦埂高10～15cm，宽20～30cm。畦面过宽不利于操作，长度根据温室的长度确定。播种床深10cm，分苗床深12～15cm，苗床的四周和底部要修理整齐，床底要踩实。有条件可以在床底铺一层细沙或炉渣。

铺设地热线的方法：先做深 15cm 且底面平整的畦床。铺设电加热线时先在苗床的两端按 10～12cm 铺线间距，插 10～15cm 长的小木（竹）棍。将线按一个方向缠绕。铺线时离炉子近的温室北侧地热线应稀疏一些，温室南部温度较低的地方，地热线铺的密一些。严格防止电热线碰在一起。地热线一般在育苗前期使用，后期由于秧苗所需温度及地温降低就可以不再使用地热线。

铺好地热线后，将配制好的育苗土填入育苗床，育苗土的深度在 10cm。填好土后，整平畦面，用脚踩一遍，使土紧实一些。在播种的前一天浇水，要把水浇透，打开地热线开关提高地温。如果使用育苗盘或营养钵，在电热线上铺一层细土或细沙将装好土的育苗盘、营养钵直接放在上面即可。

**（6）育苗容器** 播种时，种子可直接撒播在苗床上或营养袋、塑料钵、育苗箱或穴盘中。

**（7）营养土的准备** 营养土是幼苗生长发育的基质，其质量优劣直接关系到幼苗苗期生长状况及秧苗质量。为此对营养土的要求是：疏松肥沃，有较强的保水性、透水性，通气性好，无病虫卵，土壤中性或偏酸性。营养土因地制宜，就地取材进行配置。基本材料是没有种过茄果类蔬菜的 5 份园田土，加 5 份充分腐熟的有机肥充分混合均匀，加育苗素，复合肥料每亩 1 kg。无土育苗：按蛭石 1 份加草炭 3 份进行配制，另外每亩加 1.5 kg 含氮、磷、钾复混肥（25％以上），加上广谱性杀菌剂，再加适量的微量元素；注意配置时要充分混合均匀，细碎。营养土是幼苗生长发育的基质，其质量优劣直接关系到幼苗苗期生长状况及秧苗质量。为此对营养土的要求是：疏松肥沃，有较强的保水性、透水性，通气性好，无病虫卵，土壤中性或偏酸性。营养土因地制宜，就地取材进行配置。基本材料是没有种过茄果类蔬菜的 5 份园田土，加 5 份充分腐熟的有机肥充分混合均匀，加育苗素，复合肥料每亩 1 kg。无土育苗：按蛭石 1 份加草炭 3 份进行配制，另外每亩加 1.5 kg 含氮、磷、钾复混肥（25％以上），加上广谱性杀菌剂，再加适量的微量元素；注意配置时要充分混合均匀，细碎。

**（8）播种** 把催过芽或浸泡过的番茄种子均匀撒在苗床上或点播于容器内，种间距约 1cm，盖上蒙头土，厚度约 1cm。注意保湿加温，提早出苗。

**（9）苗期管理**

壮苗标准：苗龄 50～60d，苗高 18～20cm，6～7 片真叶，茎粗 0.6cm 以上，叶色深绿，根系发达。

温度管理：番茄是喜温蔬菜，发芽出苗期需要高温。种子发芽的适温在 25～30℃，最低温度保持在 20℃以上。当有 60％～70％苗子出来后，应将地膜撤掉，降低温度。幼苗期的适温白天为 20～24℃，夜间为 13～15℃。苗床温度不低于 14℃，地温也不能过高。这时期幼苗的生长，是下胚轴伸长快的时期。如果不适当控制温度，特别是夜温高，易形成高脚苗。最好保持昼夜温差达到8～10℃。遇到阴雪天气，白天温度降低，夜间也适当降低温度，温差在5～6℃。防止弱光照，高夜温幼苗徒长。

通风管理：以开顶风口方式进行调节温度，降低畦面湿度。通风应逐渐由小到大，避免冷空气直接吹到苗子，造成闪苗。

水分管理：一般浇足播种水后覆盖地膜进行保湿，出苗期不用浇水。如果用育苗盘或育苗钵育苗，土层容易干，可适当补充一定量的温水，保证幼苗的生长。分苗前一天下午要浇水，使第二天分苗时水分充足。

覆土在种子刚拱土呈拉弓状时，过筛的细潮土均匀覆盖，防止戴帽出土。等到种子出齐，撤掉地膜之后，无露水时，进行第二次覆土，以弥合种子出土时形成的细缝，防止畦面干裂。根据畦面的湿度来确定所覆土的干湿程度，畦面干则覆湿土，畦面湿则覆稍干的细土。

间苗适当间苗，因撒播会造成出苗不齐，及时打开单棵。间苗时将子叶不正常的苗、无真叶苗、病苗、弱苗拔掉。

分苗砧木番茄苗在2叶1心时进行分苗。把砧木苗分到9cm×9cm的营养钵中。冬季分苗时应注意选择在晴天进行分苗，分苗后及时浇足水，并加扣小拱棚，以保温保湿，促缓苗。同时分苗后一周内，应适当提高温度，利于缓苗。白天25～28℃，夜间16～18℃。缓苗以后适当降低温度，白天20～25℃，夜间12～15℃。

### 3. 定植

#### （1）定植前的准备

整地与施肥：深翻整地，一般翻深25～30cm，以便改善土壤理化性，保水保肥，减少病虫害。番茄对氮、钾元素的需求量较高，也需适量磷元素。每生产1 000kg番茄，需氮2.7kg，磷0.7kg，钾5kg。因此，定植前必须施足底肥，贫瘠土壤需多施，一般亩施5 000kg有机肥，有机肥用充分腐熟的鸡粪、猪粪或土杂粪，以撒施为主，也可以集中垄施，同时施氮磷钾复合肥50kg，钾肥50kg。同时施用钙、硼等中微量元素肥。

棚室消毒：定植前15d将将整个温室密闭闷棚。密闭期间可用45％百菌清烟剂熏蒸，或按100 m² 的大棚用硫磺250 g，锯末500 g，把药分成4～5份，按4～5点均匀分布于棚室内，用暗火点燃，着烟后。

做畦：小高畦扣地膜：将地整细耙平，按畦宽100～120cm划线，劈沟，做成畦高10～15cm、畦面宽60cm的小高畦。然后覆盖地膜并压土，步道沟踩实。

宽窄行垄栽畦：在经过深翻、撒施有机肥并充分耙平的土地上，按畦宽100～120cm划线，用镐两边开沟，沟宽20～25cm。开沟所起的垄即为定植时栽番茄苗所用，垄宽15～20cm，用小平耙把畦垄压实。

定植密度：单干整枝株距 30～33cm，3 200～3 600 株/亩；双干整枝株距 55～60cm，1 800～2 000 株/亩。

**（2）定植期及定植方法**　定植期 3 月下旬定植为宜，苗龄 90d 左右，过早定植，植株弱小，对生长发育不利；过迟定植，结果期推迟，采收期晚，经济效益降低。定植应选择晴天下午进行，有利缩短缓苗期。

定植方法：栽后明水漫灌法：用于不扣地膜垄栽。开沟后，按株、行距摆苗，用移植铲埋栽，栽后灌大水。此法省工，水量足，但费水，易造成土壤板结和地温下降。

暗水穴栽法：用于地膜覆盖移栽。按一定株、行距开穴，将苗坨放入穴内，埋少量土，从膜下灌水，灌水后封穴。此法地温高，土壤不板结，幼苗长势强。

卧栽法：用于徒长的番茄苗或过大苗定植。栽时顺行开沟，将幼苗根部及徒长的根茎贴于沟底卧栽。栽后幼苗可以高低一致，卧栽的茎部长出不定根，增大番茄的支持和吸收面积。

**4. 定植后管理**

**（1）温度管理**　番茄生长适宜温度白天为 25℃左右，夜间 13～15℃。定植后 5～7d，尽量提高温度不放风，如果遇到晴天中午，温度达到 30℃以上才可适当放风，以温度稳定在 28～30℃为宜。为促进缓苗应提高气温和地温，白天温度保持在 25～30℃，夜间前半夜保持在 14～16℃，后半夜不低于 13℃。及时中耕。当心叶开始生长，为预防营养生长过旺，应降低温度，白天 20～25℃，夜间温度应保持在 13～15℃。揭苫前 10℃左右，以利花芽分化和发育。开花以后可适当提温，白天温度不超过 28℃，夜间温度不低于 12～13℃；地温 18～20℃，最低不能低于 15℃。温度的高低靠放风时间早晚、长短以及放风口的大小，揭、盖草苫的时间早晚来控制。天气变暖后要及时通风，温度太高，光合物质积累少，番茄着色差。当外界气温稳定在 15℃以上时，将温室的顶风口、边风口全部打开进行昼夜通风。

**（2）防寒防冻措施**　坚持了解天气情况，当知道有霜冻时，提前做好准备，采取大棚四周围草帘、熏烟和浇水等措施可有效地减轻和防止霜冻的危害。

**（3）中耕除草**　番茄定植缓苗后，可以结合埋土疏松土壤，深度一般 5～6cm，2～3d 后再锄一次，使土壤得以充分翻晒，以促进根系迅速生长。搭架前再做一次中耕，此次中耕不宜过深，同时有锄死刚萌发的杂草的作用。

**（4）浇水**

缓苗水：在定植后 3～4d 浇暗水（水在地膜下走）或在定植行间开小沟或开穴浇水。

催果水：第一穗果长至核桃大小时浇一次足水，以供果实膨大。

盛果期水：第二穗果膨大至拉秧浇几次水。这个阶段不断开花、结果、采收，生长量大，加上温度不断提高，水分蒸发、植株蒸腾不断加大，因此需水量也大。原则是要在采收后浇水。

**（5）追肥**  一般追两次催秧促果肥。第一穗果实膨大（如核桃大）、第二穗果实坐住时追施，每亩用尿素 20 kg 与 50 kg 豆饼混合，离根部 10cm 处开小沟埋施后浇水，或每亩随水冲施人粪尿 250～500 kg。第二穗果实长至核桃大时进行第二次追肥，每亩混施尿素 20 kg 加硫酸钾 10 kg。还可喷洒叶面肥，即根外施肥。

**（6）搭架和绑蔓**  鲜食番茄的植株多为半匍匐性，需要有支架栽培。否则植株倒伏，不仅妨碍田间管理，而且不利于通风透光，影响光合作用，且易发生病害。一般在第一穗花开放前，就应该插架。春大棚番茄以采用人字架或直立架为好，留 4～5 穗果以上时，采用尼龙绳吊蔓为好。

人字架是在每株番茄根部外侧竖着插一根竹竿，将同一畦上相对的两株番茄竹竿顶部系在一起，形成一个人字。当一个畦的竖杆全部插完后，用一根横向竹竿把所有人字连接在一起。

直立架是在每株番茄根部外侧插一根竖的竹竿，将每一行的番茄竖杆用横杆相连后，再用横竿将相临两行的番茄用横杆固定，以增加牢固性，较有利于通风透光。

吊蔓在每个栽培畦上方沿栽培畦的走向拉一道铁丝，铁丝的南端绑在拉杆上；在温室北部东西向拉一道铁丝，栽培畦北端的铁丝可绑在这道铁丝上。铁丝上绑尼龙绳，每株番茄一根，尼龙绳的下端绑在植株的基部，番茄植株的茎蔓缠绕在绳子上。番茄生长速度快，要及时绕蔓，绕蔓时一手捏住绳子一手抓住番茄茎蔓，按顺时针方向缠绕。吊绳尽量拉紧，避免植株倾斜。

**（7）植株调整**

整枝打杈：春大棚番茄多用单干整枝。植株留一根主干结果，将叶腋处萌发的侧芽全部打掉。单干整枝法可在留 3～4 穗果实后，在最后一穗果上面留 2 片叶，摘除生长点。

番茄茎叶茂盛，侧枝发生能力强，生长速度快，摘除叶腋中长出的多余的无用的侧枝，就是打杈。定植后的侧枝，应当尽量让其长大一些在进行打杈。因为刚定植的植株根系比较弱小，晚打杈有利于根系的发育。当侧枝长到 8～10cm 长时，将其打掉。还要根据植株的长势进行打杈，生长弱的要晚打，长势强的要早打。打杈时要轻推轻掰，避免将茎的表皮撕破，造成伤口，给病菌侵入制造条件。先打健株，后处理病株。

整枝注意事项：对于病毒病等有病植株应单独进行整枝，避免人为传播病害；第一花序下的侧枝，及其他侧枝，即使不留作结果枝，也不宜过早打掉，一般应留 1～2 片叶，用来制造养分，辅助主干的生长。如果影响通风透光时，应及时摘除；打杈摘心应选晴天进行，不要在雨天或露水未干时进行，以利于伤口愈合，防止病原菌感染。

保花保果与疏花疏果：春大棚番茄生产，特别是在第一、二穗花开花时，要及时采用2,4-D或防落素等促进保化结果的生长调节剂处理，保花保果。一般每穗花喷蘸两次即可，要注意掌握好蘸花时间和温度。根据蘸花保果制剂上的说明选择适宜的浓度。蘸花要在上午十点半以前处理，当温室中温度高于25℃时，应停止蘸花。同时为使番茄坐果整齐、果实均匀，商品果率高，应适当进行疏花、疏果。当每穗花坐住5~6个果时，要及时疏掉果形差或不均匀的小果，留3~4个，最多不超过5个的大小相近、果形好的果实，可以显著提高商品质量。

摘心：根据需要，当植株第3~4穗花序甩出，上边又长出2片真叶时，就要把生长点掐去，可加速果实生长、提早成熟。

打老叶：到生产中后期，下部叶片老化，失去光合作用，影响通风透光，可将病叶、老叶打去，并深埋或烧掉。

**（8）采收**　在果实成熟期，根据市场需求，采摘少部果面转红至全部转红的果实，及时出售。

# 二、秋大棚番茄栽培技术

### 1. 品种选择

秋季大棚番茄栽培是夏天播种，秋末冬初采收，生育期限制在夏秋、初冬季节，采收期短，应选用中早熟抗病品种：以抗病毒病和叶霉病，中早熟，果大高产、果实硬耐贮运的番茄品种为主。金棚宝冠系列、欧盾等。

### 2. 播种育苗

**（1）秋大棚播种期**　秋季大棚播种期和定植期的选择非常重要。播期过早易得病毒病，播种过晚则后期不能成熟。华北地区以6月20日到7月初播种为最佳。

**（2）播种量**　亩用种量25~35 g。

**（3）种子消毒处理方法**

温汤浸种：用53~55℃温水，浸泡20~30min，期间不断搅动。再放入自然冷水中浸泡4~6h，即可催芽或直播。

药剂浸种：10％磷酸三钠溶液浸泡15~20min，然后用清水冲洗干净，再浸泡4~6h，即可催芽或直播。

干热消毒：在干热烘箱中以70℃，处理72h，可有效杀灭种子表面及种皮、胚所带的毒源。

**（4）育苗容器**　用苗钵或者穴盘直接播种。秋大棚播种育苗期短，最好选用 128 孔、200 孔穴盘或 5cm 塑料钵为播种容器。

**（5）苗床的准备** 一般来讲，秋季育苗期间高温多雨，应选择高畦育苗床。苗床上建小拱棚，上面覆盖遮阳网降温。

**（6）育苗土的准备** 秋大棚番茄苗龄短，塑料钵育苗用肥沃园田土加适量草炭按 2∶1 或 3∶1 混匀；穴盘育苗用草炭加蛭石按 3∶1 混合，并按每立方米加番茄专用苗肥 1 400 g，充分混合均匀。

**（7）播种** 在浸足底水的穴盘、塑料钵中，点播种子。采用塑料钵育苗，在种子充裕时每钵播 2～3 粒种子，上面覆土 1～1.2cm，并盖报纸保湿。出苗后及时揭去报纸。穴盘育苗每穴播种一粒种子，上覆蛭石。

**（8）苗期管理**

播种至出苗的管理：播种至出苗期间，注意水分管理，不要让表土见干缺水；同时避免穴盘或苗钵积水过多，透气性差而烂籽。

要用防虫网将密封苗床，在温室大棚中育苗要将风口用防虫网密封，严防蚜虫、白粉虱和斑潜蝇、棉铃虫等害虫。

采用 5～10 ppm 多效唑可以控制幼苗徒长。注意浓度不宜过高，只能喷一遍防止产生药害。

齐苗至定植前的管理：尽量调控高温、高湿条件，确保幼苗正常生长。每天上午、下午温度不太高时，用喷壶找补喷水，并在中午高温时间适当用 50％的遮阳网遮盖。降低苗子温度，促使花芽分化，减轻病害发生，苗期喷洒抗病毒疫苗 2 次，预防病毒病的发生。

苗龄不宜过大，夏季育苗栽小苗不栽大苗，苗长到 5～6 片真叶时（一般苗龄 25～30d）即可定植。

**3. 定植**

**（1）定植前的准备**

棚室消毒：定植前 15d 左右扣棚膜，旧膜扣棚后要进行高温烤畦 5～7d，烤畦的同时进行棚室消毒，按 100 m² 使用硫磺粉 250 g 加锯末 500 g 在棚室内不同地点点燃熏蒸 24h。

整地与施肥：深翻整地，一般翻深 25～30cm，以便改善土壤理化性，保水保肥，减少病虫害。定植前施足底肥，一般亩施 5 000 kg 有机肥，有机肥用充分腐熟的鸡粪、猪粪或土杂粪，以撒施为主，也可以集中垄施。

做畦：最好做成小高畦。小高畦上可盖银灰膜或黑膜，可降低地温又可避蚜虫。行距：双行是大小行（大行宽 80cm、小行宽 60cm）；单行行距 70～80cm。畦长在 10～15 m 最好，不要过长，方便灌水。

定植密度：单干整枝株距 30～33cm，3 200～3 600 株/亩；双干整枝株距 55～60cm，1 800～2 000 株/亩。

**（2）定植期及定植方法**

定植期：大棚秋茬番茄一般在7月下旬至8月上旬定植。定植最好是在阴天或晴天的下午4点以后进行。定植前先检查秧苗是否有虫害，先打药后定植。

定植方法：采用明水定植，随定植随浇水。株距35cm，行距60cm，种植密度在每亩2 800～3 200株。定植不宜过深，有效防治死苗的埋土深度是以子叶下1cm为宜。

**4. 定植后管理**

**（1）温度**　番茄生长适宜温度白天为25～28℃，夜间15℃左右。定植初期（7月底、8月初）正处于高温季节，应采取措施尽量降低昼、夜温度。可采用遮阳网进行遮阳来降低温度。阴天可以揭开遮阳网，在晴天上午10点半以后和下午4点之前覆盖遮阳网。可使棚内温度降低2～3℃。可采用小水勤浇的原则，来降低地温，改变小气候。白天温度不高于30℃，夜间温度不高于20℃。定植后遇到雨天需及时的关闭风口，不要让雨水进到棚里，防雨就是防病。9月20日以后，温度逐渐下降，此时要注意大棚的保温，此时应在大棚四周加上薄膜，俗称"围裙"但留通风口。当外界气温下降到15℃以下时，除中午开小口放顶风外，晚上要关闭通风口进行保温。白天打开通风，通风口由大到小管理。由于夜间关闭风口，湿度加大，每天早上太阳出来后和晚上合风口前，将风口拉开或拉大1h，以利排湿。当夜温低于5℃，在棚口四周用草帘临时保温。

**（2）中耕除草**　除地膜覆盖外，其他各种栽培均需中耕除草。小苗定植3～5d不能黏土，及时中耕，对缓苗有利。夏季有利于杂草生长，要及时中耕，除杂草。

**（3）浇水**

缓苗水：缓苗水一般在幼苗定植后到幼苗冒新根长新叶间浇。一般在定植后3～4d浇。定植后处于高温季节采用小水勤浇来降温，每隔3～5d在傍晚浇小水。

催果水：第一穗果长至核桃大小时浇一次足水，以供果实膨大。

盛果期水：从第二穗果膨大至拔秧要浇几次水。这个阶段不断开花、结果、采收，生长量大，因此需水较大。9月中下旬大棚四周棚膜封上后，水分蒸发、植株蒸腾减少，应控制浇水量，不宜大水漫灌，在晴天上午水量要小，如长势弱追速效肥，10月中旬停水。

**（4）喷矮壮素**　在第一穗花坐果之前，高温勤浇水必然会造成植株徒长。采用5～10 ppm多效唑可以控制幼苗徒长。

**（5）追肥**　一般追两次催秧促果肥。第一穗果实膨大（如核桃大）、第二穗果实坐住时追施，每亩用尿素20 kg与50 kg豆饼混合，离根部10cm处开小沟埋施后浇水，或每亩随水冲施人粪尿250～500 kg。第二穗果实长至核桃大时进行第二次追肥，每亩混施尿素 20 kg 加硫酸钾 10 kg。还可喷洒叶面肥，即根外施肥。

**（6）搭架和绑蔓**　留 3～4 穗果多采用竹竿或秸秆为架材。留 5～8 穗果时视大棚结构的结实程度，也可以采用绳吊蔓。大棚内一般搭成直立架，便于通风透光。一般每穗果下绑蔓一次，绑绳与蔓和架呈"8"字形。

**（7）植株调整**

整枝打杈：秋大棚番茄多用单干整枝，留 3～4 穗果掐尖。定植缓苗后，第一花序下的第一侧枝长到 3cm 时，要及时打去。但遇到植株旺长时要在侧杈 1～2cm 即抹去。为了避免传染病毒，提倡用手指从下向上不接触株茎抹杈。先打健株，后处理病株。

保花保果与疏花疏果：秋大棚番茄生产，特别是在第一、二穗花开花时，要及时采用 2,4 - D 或防落素等促进保化结果的生长调节剂处理，保花保果。蘸花要在上午十点半以前处理，当棚里温度高于 25℃时应停止蘸花。对畸形果、座果过多，要采取疏果措施，及时打掉。

摘心：根据需要，当植株第 3～4 穗花序甩出，上边又长出 2 片真叶时，就要把生长点掐去，可加速果实生长、提早成熟。

打老叶：到生产中后期，下部叶片老化，失去光合作用，影响通风透光，可将病叶、老叶打去，并深埋或烧掉。

**（8）采收**　大棚秋茬番茄在 9 月下旬即可始熟，每一穗果发白后，摘除果下所有叶片和上部部分叶片，保持上一穗果下有两片叶，同时用 200 mg/kg 的乙烯利抹果催红，果红后采收。10 月底当夜间棚内温度下降到 2℃时，要全部采收，进行贮藏。在青果采收之前施用一次杀菌剂，消灭果实表面可能存在的病菌，如百菌清或多菌灵。用药后 1～2d，将青果采下，进行贮存后熟。一般用简易贮藏法，贮藏在经过消毒的室内或日光温室内。贮藏温度要保持在 10～12℃，相对湿度 70%～80%，在平整地面上铺一层旧塑料膜，有条件的最好在塑料膜上铺一层可吸潮气的草帘，以防塑料膜存水烂果。将青果码放其上，堆成宽 1m。厚 3～4 层果实。每堆之间留有通道。每周倒动一次，检查有无病果将其挑出，并挑选红熟果陆续上市。

**5. 病虫害防治**

大棚秋茬番茄的病虫害比较复杂，主要以防为主。这个时期病虫害有病毒病、灰霉病、疫病、叶霉病。前期以病毒病为重。在定植前 7d 用 800 倍液百菌清喷雾防治真菌性病。定植后半个月用 1 000 倍液植病灵防治病毒病。中期以疫病、灰霉病、叶霉病等真菌性病害为主，可用百菌清、普力克、甲基托布津等真菌性药剂，结合农用链霉素来防治真菌性和细菌性病害。通过生态防治和药剂防治，病虫害便可得到控制。

# 第六章　番茄病虫害的防治

## 一、番茄主要病害防治

### 1. 番茄的早疫病

**（1）危害症状**　叶片最初为水渍状，暗褐色，近圆或不规则形病斑，有同心轮纹，从下部向上发展。茎上病斑多分枝上，色发灰，形近椭圆，稍有凹陷，故纹理不明显，重时有黑霉并断枝。青果病斑从蒂部和裂缝处发生，近圆形，稍陷发硬，有黑霉。

发病时，从叶片上可看到 1～2cm 的大病斑，病斑边缘深褐色，周围有黄色晕圈，形成同心轮纹。茎部的分枝处，细看有褐色的病斑，并因果实发育膨大后不能支持而折断。

**（2）防治方法**

①加强栽培防病，播前用温汤浸种消毒，拉秧后清理田园。与非茄科蔬菜，间隔两年轮作，配方施肥，合理密植。

②药剂防治，45％百菌清烟雾剂每亩 250 g 薰烟，闷棚过夜。或用 70％代森锰锌可湿性粉剂 100 倍液，65％代森锌 500 溶液，60％杀毒矾可湿性粉剂 500 溶液喷雾。

### 2. 番茄的晚疫病

**（1）危害症状**　番茄幼苗、叶片、茎、果均可发病，多从下部叶片开始，从叶缘形成暗绿色水浸状"V"型病斑，扩大后呈褐色，潮湿时边缘生白霉，干后斑呈青白色，胞而易破。青果病斑开始呈油渍状，暗绿色后变黑褐色，稍硬凹陷。病斑边缘呈云纹状并生白霉，腐烂。幼苗、茎发病萎蔫折倒。

**（2）防治方法**

①栽培措施：采用高畦深沟覆盖地膜种植，整平畦面以利排水，及时中耕除草及整枝绑架，薄膜覆盖保护地栽培应特别注意通风降湿；合理密植，增加透光，浇水时严禁大水浇灌，采用小水勤浇，温室要勤通风，降低棚内湿度，避免叶面长时间结露等，防止高湿引发病害。增施优质有机肥及磷钾肥，增强植株抗性。

②药剂防治在苗期开始注意喷药防病，一般采用 64％杀毒矾可湿性粉剂（或者大生 M‐45 可湿性粉剂）500 倍液每 7～10d 喷施；及时发现和拔除中心

病株，在病株率达不到 1％时就将病叶摘除，放塑料袋中带出室外。然后用58％甲霜灵-锰锌可湿性粉剂 500 倍液，或 58％瑞毒霉锰锌可湿性粉剂 600 倍液，或 72％杜邦克露可湿性粉剂 1 000 倍液喷洒，每 7d 1 次，连喷 2～3 次；棚室用 45％百菌清烟雾剂，每亩 250 g 熏烟过夜，一般在傍晚进行。

**3. 番茄的叶霉病**

**（1）危害症状**　初期在叶片背面出现一些退绿斑，后期变为灰色或黑紫色的不规则形霉层，叶片正面在相应的部位退绿变黄，严重时，叶片常出现干枯卷缩。从发病的顺序看，经常从植株下部向上蔓延、温度从 9～34℃，病原都能生长发育，发育的最适温度是 20～25℃。在最适温度且湿度较大（相对湿度在 80％以上）时，仅需 10d 到半月就可普遍发病。

**（2）防治方法**

①选用抗病品种如硬粉 8 号、佳粉系列品种、金棚一号、蒙特卡罗、108金樽等。

②种子消毒，种子用温汤浸种 52～55℃水浸种 30min。

③加强管理控制温湿度、增加光照，预防高湿低温，尽量使叶面不结露或缩短结露时间。栽培前期注意提高棚室温度，后期加强通风，降低湿度。高温焖棚。选择晴天中午时间，给以两个小时左右的 30～36℃高温处理，然后及时通风降温，对病原有积极的控制作用。

④药剂防治：发病初期可用 70％的代森锰锌可湿性粉剂 1 000 倍液、40％百菌清可湿性粉剂 500 倍液、70％甲基托布津可湿性粉剂 1 000 倍、或用 40％百菌清烟剂每亩 300 g 熏烟。

**4. 番茄的灰霉病**

**（1）危害症状**　叶片染病后病斑呈"V"型向内扩展，初水浸状浅褐色，边缘不规则，具深浅相间轮纹，后干枯表面有灰霉致叶片枯死，茎染病，开始呈水浸状小点，后扩展成椭圆形斑，湿度大时病斑上长出灰褐色霉层，果实染病，青果受害重，果皮呈灰白色，软腐，病部出现灰绿色霉层，果实失水后僵化。

**（2）防治方法**

①控制棚室温湿度加强栽培管理：上午迟至 33℃开始放风，下午降至20℃时必须闭风，使夜温维持在 15～17℃，避免阴天浇水，浇水后及时放风排湿。发病后控制浇水或淋浇滴灌，摘除病叶病果，清理田园，对株体高温沤肥或深埋，生产操作时防止整枝，沾花传病等。

②药剂防治：沾花稀释液里加 50％多菌灵 500 倍液，或 50％速克灵 2 000倍液，随同沾花使用。发现病害用扑海因或速克灵可湿性粉剂或施佳乐兑水喷雾发病初期 70％甲基托布津可湿性粉剂 1 000 倍液，隔 7～10d 喷 1 次，连续

防治 2～3 次。也可用 45％百菌清烟雾剂每亩 250 g 傍晚熏棚。

**5. 番茄的溃疡病**

**（1）危害症状**　幼苗期染病从叶缘开始，由下向上逐渐萎蔫，叶柄或胚轴可见溃疡状凹陷斑，病株矮化或枯死。成株期染病，病菌在韧皮部和髓部扩展，病初下部叶片凋萎卷缩，似缺水状。维管束变黑后期腐烂，形成中空，茎下陷或干裂最后全株枯死。多雨高温时有菌脓从病茎或叶柄中溢出，形成白色污状物，染病的植株病菌由病茎扩展到果柄，进而造成果实皱缩畸形，果实染病后可见略隆起的白色圆点，中央为褐色木栓化突起称为"鸟眼斑"。

**（2）防治方法**

①种子消毒。播种前将种子用 55℃温水浸泡 30min 或用硫酸链霉素，200 mg/L 浸种 2h，洗净晾干后催芽。

②田间发现病株，应及时拔除，并进行喷药防治，重点是根茎部，但茎叶果也不能遗漏。轮作苗消毒，使用药剂可用 77％可杀得微粉粒 600 倍液，或 30％ DT 杀菌剂 600 倍液灌根，72％农用链霉素或新植霉素可溶性粉剂 2 500～3 000 倍液喷雾或灌根。每株 300mL，间隔 10d 灌 1 次，连灌 3 次。灌根和植株喷药相结合。

**6. 番茄菌核病**

**（1）危害症状**　主要为害保护地的番茄果实，叶片和茎也被害。果实被害多从果柄开始向果实蔓延。病部灰白色至淡黄色，斑面长出白色菌丝及黑色菌核，病果软腐。茎部染病，灰白色，稍凹陷，后期表皮纵裂，病斑大小、形状、长短不等，边缘水渍状，表面和病茎内均生有白色菌丝及黑色菌核。叶片多从叶缘开始，初呈水浸状，暗绿色，无一定形病斑，潮湿时长出白霉，后期叶片灰褐色枯死。

**（2）防治方法**　主要采用栽培措施和药剂防治相结合。深翻地，将菌核翻至 10cm 以下，使其不能萌发；在夏季高温季节利用换茬时用稻草、生石灰或马粪等混合耕地，做起垄小畦，灌满水后铺上地膜，密闭大棚，使土温升高，保持 20d。可杀死病菌；加强管理，及时摘除老叶、病叶，清除田间杂草，注意通风排湿，采取滴灌、暗灌；药剂防治在发病初可喷洒 40％菌核净可湿性粉剂 500 倍液或 50％农利灵（乙烯菌核利）可湿性粉剂 1 000～1 500 倍液等。棚室采用烟雾法或粉尘法施药，亩用 10％速克灵（腐霉利）烟剂 250～300 g，也可于傍晚喷撒 6.5％甲霉灵粉尘、百菌清粉尘剂或 10％灭克粉尘剂，每亩次 1 kg。

**7. 番茄的病毒病**

**（1）危害症状**　最常见的有 3 种类型，花叶型、蕨叶型和条斑型。①花叶型。叶片上出现深浅不均的绿色病斑，黄绿相间的花叶，叶片凹凸不平新叶变小，植株矮化。②蕨叶型。上部叶片细长，形成蕨叶或线状，下部叶片卷曲，植株矮化。③条斑型。茎叶果上均出现症状，表现为暗绿至褐色坏死条斑，可导致一枝或整株枯萎死亡。

**（2）防治方法**

①选择适合当地条件的抗病品种。

②播种前种子消毒，可先用清水浸种 3～4h，再放入 1‰磷酸三钠溶液中浸种 40～50min，捞出后用清水冲净，再催芽播种。

③与非茄科蔬菜进行 3 年以上的轮作。多施磷钾肥，少施氮肥。

④苗期防治蚜虫可用 40％乐果乳油 1 000 倍液。在发病初期，使用 20％病毒 A 可湿粉 600 倍液，65％植病灵乳油 1 000 倍液等喷雾防治。阳光 2 号防治效果也不错。

**8. 番茄褪绿病毒病**

**（1）危害症状** 苗期、花期及结果期均可表现症状。苗期危害叶片叶脉间表现局部褪绿斑点。番茄定植后 15d，植株滞育，矮小瘦弱，顶部叶片黄化，下部成熟叶片叶脉间轻微褪绿。花期染病中下部叶片首先出现症状并逐渐向上发展，中部叶片叶脉间轻微褪绿黄化，底部叶片出现明显的叶片褪绿黄化，叶脉深绿，感病叶片变脆且易折，叶片黄化疑似营养缺素症。果期，番茄整株褪绿黄化，果实小、颜色偏白，不能正常膨大。叶片也表现明显的脉间褪绿黄化症状，边缘轻微上卷，且局部出现红褐色坏死小斑点。后期叶脉浓绿，脉间褪绿黄化，变厚变脆且易折，最后叶片干枯脱落；果实小，并开始转色成熟。

**（2）防治方法**

①适当调整播种和定植期，避开粉虱的活动高峰期。

②加强肥水管理，促使番茄植株生长健壮，提高其抗病能力，注意通风换气，避免棚内高温。结合整枝打杈及时发现病株并立即拔除，另外，及时清理田间杂草和病株，减少粉虱的寄主植物。

③防治蚜虫、粉虱等传毒介体。

④番茄感染该病毒后，可以使用盐酸吗啉胍、三氮唑核苷（病毒唑）和植病灵等病毒钝化药剂，减缓危害。

# 二、番茄的生理性病害防治

**1. 大型畸形果**

**（1）危害症状** 大型畸形果主要产生于花芽分化及发育时期，即在低温、多肥（特别是氮素营养过多）、水分及光照充足的条件下，生长点部位营养积累过多，正在发育的花芽细胞分裂过旺，心皮数目过多，开花后由于各心皮发育的不均衡，而形成多心室的畸形果。

**（2）防治方法** 防治上要选用不易产生畸形果的品种，及时摘除畸形果，育苗期间温度不宜控制过低，水分及营养必须调节适宜。

**2. 番茄脐腐病**

**（1）危害症状** 果实顶部腐烂，变为黑褐色，组织被破坏，凹陷。遇湿度大时，其上出现黑色霉状物，病果提早变红，但无商品价值。发生的主要原因是缺钙。生育期间水分供应失常也能造成脐腐病。

**（2）防治方法**

①酸性土壤应施用石灰调节；

②施肥时注意维持土壤适宜浓度，不要施过量的化肥，增施有机肥，以改善土壤理化性质；

③尽量避免土壤高温及湿度的剧烈变化；

④坐果后，在易发生脐腐病的地块用 0.4%～0.5%的氯化钙喷叶或喷 1%的过磷酸钙、0.1%硝酸钙及爱多收 6 000 倍液，从初花期开始，半月一次，连喷 2 次以减轻病害。

**3. 番茄空洞果**

**（1）危害症状** 空洞果是果皮与果肉胶状物之间是空洞的果实。空洞果发生的主要原因有两个方面：一是开花时遇到低温，不能正常受精，形成空洞果。二是使用生长刺激素时，由于浓度过高或在蕾期处理而形成空洞果。此外，光照不足，幼果期温度过高，后期营养跟不上及结果期浇水不当，也会出现空洞果。

**（2）防治方法** 在番茄开花期要严格控制温度，白天适温为 20～30℃，夜间 15～20℃。合理使用生长调节剂，即激素处理的方法与浓度要适宜。一般采用 15～20 mg/kg 的防落素在开花期喷施，防止落花。激素处理后，要加强肥水管理。采用配方施肥技术合理增施氮、磷、钾肥。

**4. 僵果**

**（1）危害症状** 果实坐住后，基本不发育，小如豆粒，大如拇指，僵化无籽的老小果实。发生的原因主要是温度过高或过低，授粉受精不良、光照不足，果实膨大所需的养分供应不上，或是许多外界条件和内在因素使果实不能吸收利用养分而出现症状。

**（2）防治方法**

①进行人工辅助授粉；

②用番茄灵沾花。据观察，严冬温室栽培，果实生长后期易产生僵果，特别是长期阴雪天气，光照弱，夜温高，白天叶片制造的养分少，而夜间消耗又

大，也易形成僵果。遇到这种情况，可在夜间补充光照，将夜温降至 7～10℃，维持最低生长温度，减少消耗，使僵果减少。

**5. 裂果**

**（1）危害症状**　番茄果实在发育后期易发生裂果现象。裂果有的以果蒂为中心，呈同心圆状裂开，有的以果蒂为中心呈放射状裂开，也有不规则的侧面裂果和裂皮。裂果的生理原因是果实表皮缺乏弹性，抵御不住来自果实内部的较强膨压。特别是果实在膨大初期的高温强光及土壤干燥的条件下，果肩部表皮老化，由于降雨或大量灌水，果实迅速膨大而产生裂果。

**（2）防治方法**　宜选用抗裂品种，防止土壤干燥后骤湿，避免果实受强光直射，增施硼素肥料，增强果皮的可塑性。

**6. 番茄日烧病**

**（1）危害症状**　在高温季节或高温条件下，由于强光直射，果肩部分温度上升，部分组织烫伤、枯死，产生日烧病。

**（2）防治方法**　采用圆锥架或人字架，绑秧时将果穗调到架内叶荫处，及时适度整枝打杈，保证植株叶片繁茂，防止强光直射果实。适当增施钾肥以增强其抗性。

**7. 筋腐病**

**（1）危害症状**　有两种类型：一种是褐变型。幼苗期开始发生，主要为害 1～2 穗果，在果实肥大生长期果面上出现局部褐变，果面凹凸不平，个别果实呈茶褐色变硬或出现坏死斑，剖开病果可见果皮里壁的维管束呈茶褐色条状坏死、果心变硬或果肉变褐，失去商品价值；另一种是白变型。主要发生在绿熟果转红期，其病症是果实着色不匀，轻的果形变化不大，重的靠胎座部位的果面呈绿色凸起状，余转红部位稍凹陷，病部具蜡样光泽。剖开病果可见果肉呈"糠心"状，果肉维管束组织呈黑褐色，轻的部分维管束变褐色，且变褐部位不变红，果肉硬化，品质差，食之淡而无味。

**（2）防治方法**　选用抗病品种，育苗花芽分化期间最低温度要保持在 13℃以上，重施基肥，重视磷钾肥的使用。使用 0.5％～1％的蔗糖＋0.3％磷酸二氢钾进行叶面追肥防止此病的发生。

# 三、番茄主要虫害防治

**1. 白粉虱**

**（1）危害症状**　白粉虱成虫和若虫一起吸吮番茄汁液，分泌汁液诱发污病，使叶黄萎，果面黏黑。通过传毒，危害严重。温室温度为 22～30℃时成虫最活跃，温度低于 17℃时成虫停止活动。该虫趋黄、趋光、趋嫩。

**（2）防治方法**

①栽培防治：清理田园，种前对棚室熏蒸，培育无虫苗，用防虫网封闭门窗及通风口，在棚室内使用黄板诱杀。适当摘除植株底部老叶，携出室外进行销毁，以减少室内虫口基数。

②药剂防治：发虫初期喷药，蚜虫、白粉虱使用20％的速灭杀丁乳油2 000倍液、2.5％溴氰菊酯乳油2 000～3 000倍液防治。

用25％扑虱灵可湿性粉剂1 500倍液；2.5％天王星乳油，2.5％功夫乳油，20％灭扫利乳油2 000～3 000倍液。每隔7～10d喷一次。

在番茄定植时施用根用缓释农药，每株一粒可以在整个生育期预防蚜虫、白粉虱。

**2. 蚜虫**

**（1）危害症状**　危害番茄的蚜虫主要是瓜蚜，成虫和若虫在叶背面和嫩梢、嫩茎上吸食汁液。嫩叶和生长点被害后，叶片卷缩，生长停滞，甚至全株萎蔫死亡；老叶受害时不卷缩，但提前干枯。

**（2）防治方法**

①选用多茸毛品种可减轻蚜虫的危害，如佳粉17号；

②栽培防治：清理田园，种前对棚室熏蒸，培育无虫苗，用防虫网封闭门窗及通风口，在棚室内使用黄板诱杀，在棚的放风口处挂银灰膜驱蚜，可起到防治蚜虫传播病毒病的目的；

③药剂防治：发虫初期喷药，蚜虫、白粉虱使用20％的速灭杀丁乳油2 000倍液、2.5％溴氰菊酯乳油2 000～3 000倍液防治。

用25％扑虱灵可湿性粉剂1 500倍液；2.5％天王星乳油，2.5％功夫乳油，20％灭扫利乳油2 000～3 000倍液。每隔7～10d喷一次。

在定植时施用根用缓释农药，每株一粒可以在整个生育期预防白粉虱。防治率在85％以上。

**3. 斑潜蝇**

**（1）危害症状**　美洲斑潜蝇是一种为害广而严重的检疫性害虫，分布广、传播快、防治难。成虫吸食叶片汁液，造成近圆形刻点状凹陷。幼虫在叶片的上下表皮之间蛀食，造成弯弯曲曲的隧道，隧道相互交叉，逐渐连出一片，导致叶片光合能力锐减，过早脱落或枯死。

**（2）防治方法**

①合理安排茬口，种植该虫非喜食的寄主植物。作物收获后，将田块进行20cm以上的深耕和适时灌水浸泡，均能消灭大部分蝇蛹。将带病残枝、落叶集中堆放，用旧薄膜或泥土覆盖，在阳光充足的天气堆沤3～5d可有效杀灭斑潜蝇。

②保护地风口用纱网封闭，防止成虫飞入。美洲斑潜蝇具有趋黄性，可以在保护地中放置黄板进行诱杀，每亩放置 20 块，放置时间应在美洲斑潜蝇没有发生或少量发生时。

③药剂防治：斑潜净、20％的吡虫啉 1 500 倍液、1.8％的阿维菌素乳油 2 500 倍液。可用 25％爱卡士 1 000 倍液，或 10％高效氯氰菊酯 2 000 倍液，或 20％菊马乳液 2 000 倍液，或 21％灭杀毙乳油 3 000 倍液，再加入等量的增效剂防治，每 3～5d 喷 1 次，连喷 2～3 次。

**4. 棉铃虫**

**（1）危害症状**　危害番茄的钻心虫，主要是棉铃虫和烟青虫。3 龄前幼虫蛀食花蕾，嫩茎嫩叶，3 龄后钻蛀果实，幼虫全身蛀入果内，果表仅留 1 个蛀孔（虫眼）害虫在果内取食果肉和胎座，残留果皮，果内积满虫粪和蜕皮，遇雨水，病果腐烂落果。每虫转果 3～8 个，并蛀茎危害。该虫喜温喜湿，温度为 25～28℃，空气相对湿度为 75％～90％，最适幼虫发育，在多雨夏季及棚室发生最重。

**（2）防治方法**

①棉铃虫成虫将 95％的卵产于番茄顶尖至第四层复叶之间，及时整枝打杈，可有效地减少卵量，还要注意摘除蛀果，压低虫口。

②农业综合防治：清理田园，冬翻冬灌，及时打杈，摘除虫叶、虫果等；每 50 亩设黑光灯一盏，下置水盆（或药水）诱杀成虫。也可用性诱剂、糖醋液、频振灯等诱杀成虫。

③药剂防治：化学防治应在幼虫孵化高峰至 2 龄期施药，将幼虫消灭在蛀果之前。药剂可选用天王星乳油 3 000 倍液、BT 乳剂 250～300 倍液，1％阿维虫清 2 000～3 000 倍液，90％敌百虫结晶 800～1 000 倍液，40.7％乐斯本 1 000～1 500 倍液，50％辛硫磷 1 000 倍液，2.5％功夫 5 000 倍液，或 20％灭扫利（甲氰菊酯）4 000～6 000 倍液，20％施虫特 1 500～2 000 倍液或 16％潜毙多 1 000～1 500 倍液喷雾。

# 第三部分 辣椒高效栽培技术

## 第一章 辣椒的起源和植物学特性

辣椒的祖籍在南美洲圭亚那卡晏岛的热带雨林中，古称"卡晏辣椒"，是正宗的"辣椒之乡"，不过最早栽种的却是印第安人。在墨西哥的拉瓦坎谷遗址中，曾发现化石辣椒，后在秘鲁沿海一带遗址中，也发现过化石椒。史传15世纪末哥伦布发现新大陆后，辣椒也随之远离故土，先于公元1493年传入西班牙、匈牙利；公元1542年又随葡萄牙传教士到达印度、土耳其；公元1548年又进入英国；到16世纪中叶时已传遍整个中欧地区。在明朝末年经丝绸之路和海路传入中国，在我国已有300多年的栽培历史。

辣椒为直根系，由明显的主根、多级侧根和根毛组成。其根系不发达，分布较浅，主要根群分布在10~30cm的土层中。辣椒的侧根在主根两侧，生出方向与子叶方向一致。同茄科其他蔬菜相比，辣椒根系发育弱，生长较慢，再生能力差，根量少，茎基部不易产生不定根，栽培中应及时采取护根措施。

辣椒茎直立生长，茎基部木质化，黄绿色，具深绿色纵纹，有的为紫色，较坚韧。多为双杈状分枝，也有三杈分枝。辣椒多数株冠较小，其中小果型品种分枝较多，植株高大。辣椒的分枝结果习性很有规律，有无限分枝和有限分枝两种类型。绝大部分栽培品种为无限分枝型，主茎长到7~15片叶时，顶端现蕾，开始分枝，果实着生在分杈处，每个侧枝上又形成花芽和杈状分枝，生长到上层后，由于果实生长发育的影响，分枝规律有所改变，或枝条强弱不等。部分辣椒品种为有限分枝型，主茎长到一定节位后，顶部发生花簇封顶，植株顶部结出多数果实。花簇下抽生分枝，分枝的叶腋处还可发生副侧枝，在侧枝和副侧枝的顶部仍然形成花簇封顶。

辣椒叶片因品种大小差异较大，一般呈卵圆或椭圆形，单叶互生，全缘，先端渐尖。辣椒叶片营养丰富，富含蛋白质、维生素 C 等，可食用。辣椒花为完全花即两性花，属于常异花授粉作物。花朵较小，花冠白色。花萼基部连成钟形萼筒，先端 5 齿，宿存。花冠基部合生，先端 5 裂，基部有蜜腺。雄蕊 5～6 枚，基部联合。花药长圆形，纵裂。雌蕊 1 枚，子房 2 室，少数为 3 或 4 室。辣椒属常异交作物，自然杂交率 15% 左右，虫媒花。果实为浆果，形状有灯笼形、圆锥形、牛角形、羊角形、线形、圆球形等。果皮肉质，与胎座组织往往分离，形成较大空腔。果实表皮一般有 15～20μm 厚的蜡质层。在果实心皮缝线处有纵隔膜，细长果实多为 2 室，圆形或灯笼果多为 3～4 室，个别果会出现 5 心室。辣椒嫩果色多为绿色，彩色椒的嫩果色还有白色、紫色等，成熟果实有黄色、红色、橙色、褐色等。多数品种成熟果色为红色。辣椒种子为肾形，淡黄色，千粒重为 4～8 g。常温下种子寿命为 3～5 年，生产上所用的种子年限为 2～3 年。

# 一、辣椒的生长发育时期

辣椒的生育周期包括发芽期、幼苗期、开花坐果期、结果期四个阶段。

（1）**发芽期** 从种子发芽到第一片真叶出现为发芽期。管理目标是保证苗齐苗壮。种子质量会影响出苗和苗齐苗壮。

（2）**幼苗期** 从第一片真叶出现至开始现蕾为幼苗期。管理的目标是培育茎秆粗壮、根系发达的健康壮苗。避免出现徒长苗和老化苗。

（3）**开花坐果期** 从门花出现花蕾到门花坐果这一时期。这一时期生长量较大，是植株从营养生长为主转向营养与生殖生长并举的关键时期。因此这一时期的管理目标是结合肥水管理调整营养生长与生殖生长的关系，促进植株开花坐果。

（4）**结果期** 从第一层簇生椒坐果或单生类门椒坐果一直到收获结束为止。这一时期内，生殖生长逐渐达到高峰。管理目标是特别加强肥水管理和环境调控，注意磷钾肥与氮肥的施用比例，防止落花落果，科学防治病虫害，保证早熟丰产。

# 二、辣椒生长发育所需条件

## 1. 温度条件

辣椒不同生长发育期要求温度不同。种子发芽要求较高的温度（适宜温度为 25～30℃），约需 4～5d 即可发芽。低于 10℃，高于 35℃ 都不能正常发芽。

幼苗生长期适宜的温度常比发芽期低些，适宜生长温度为 20℃ 左右，白天 20～25℃，夜间 18～20℃，有利于幼苗缓慢健壮生长，如温度高于 25℃ 以上，幼苗生长虽快，但易出现徒长的弱苗，不利于培育壮苗，对中后期生长发育不利。温度低于 15℃ 时，也不利于茎叶生长和花芽分化。土壤温度对辣椒幼苗期作用重要，适宜的地温能培育适龄的壮苗，辣椒幼苗期适宜的地温为 22～24℃，能忍受的最低地温范围为 15～18℃。开花授粉时期辣椒夜间适宜温度为 15.5～20.5℃。低于 10℃ 时，难于受精，易引起落花、落果现象。高于 35℃ 时，花器官发育不完全，柱头易干枯不能受精或受精不良而导致落花，即使受精，果实也不能正常发育而干萎。所以在高温的伏天，特别是气温超过 35℃ 时，辣椒往往不易坐果。果实发育和转色期，要求温度为 25～30℃，因此冬天保护地栽培的辣椒常因温度过低而使果实发育或转色很慢。不同品种对温度的要求也有一定差异，大果形品种多数比小果形品种更不耐高温。

**2. 光照条件**

辣椒对光照的要求因生育期不同而不同。辣椒种子属嫌光性，自然光对发芽有一定的抑制作用，所以种子在黑暗条件下容易出芽，而幼苗生长时期则需要良好的光照条件。辣椒光合作用的饱和点为 4 万～5 万 lx，光补偿点是 1 500lx。辣椒对日照长短要求不严，光饱和点是 1 500lx，比一般果菜类低，较耐弱光，怕暴晒。因此，辣椒可以和果树等高秆作物间作。我国南方的辣椒育苗时期在 11 月至翌年 3 月，光照强度常常没有达到辣椒的光饱和点，由于光照不足，而导致辣椒幼苗节间伸长，含水量多，叶薄色淡，苗质弱，适应性差。若在强光条件下，辣椒幼苗节间较短，叶厚色深，适应性强，故必须在光照充足的条件下，才能培育出适应性广的健壮苗。与其他果菜类蔬菜相比，辣椒又属耐弱光作物，若光强超过光饱和点，反而会因加强光呼吸而消耗更多养分。辣椒属适应光周期范围较大的中光性蔬菜作物，对光周期要求不严，光照时间长短对花芽分化和开花无显著影响，10～12h 的短日照和适度的光强能促进花芽分化和发育，使植株能较早的开花结果。

**3. 水分条件**

辣椒不耐涝，比较耐旱，但由于根系较小，需经常保持适当的水分才能生长良好。一般大型果品种需水量较大，小型果品种需水量较小。不同生长发育时期需水量也不同。种子发芽需要吸收一定量的水分。因辣椒种皮较厚、吸水较慢，故栽培上要浸种催芽，通常种子浸于水中 8～12h，充分吸水后可促进发芽。辣椒在育苗期间对水分的要求比较严格，水分过多会造成秧苗徒长，根系分布浅，但若水分控制过严，不但使正常生长受到限制，而且会使组织木栓化或成为老苗，所以在育苗期通过控制水分而进行蹲苗时，要掌握好蹲苗时间与程度。辣椒幼苗期吸水量相对较小，保持土壤湿润则可。辣椒从定植到开花结果，土壤水分要稍为少些，以避免茎叶徒长。在初花期，由于植株生长量大，需水量随之增加，特别果实膨大期，需要供给充足的水分。如果水分不足，子房发育受到抑制，不利于果实膨大和植株生长发育，易引起落花落果，或畸形果增多。进入结果期，是需水量最大的时期，如果这段时间水分不足，果实就会发育不良，产量将大大降低。空气湿度和土壤湿度过大或过小对幼苗生长和开花坐果影响很大，同时容易引起病害。一般空气湿度以 $60\%\sim80\%$ 为宜。幼苗空气湿度过大，容易引发病害；初花期湿度过大会造成落花；盛花期空气过于干燥，也会造成落花落果。在气温和地温适宜的条件下，辣椒花芽分化和坐果对土壤水分的要求，以土壤含水量相当于田间持水量的 $55\%$ 为最好。干旱易诱发病毒病，淹水数小时，植株就会萎蔫死亡。对空气湿度的要求不超过 $80\%$ 为宜，过湿会引起发病，空气湿度过低，又会严重影响坐果率。辣椒最怕雨涝，故椒田应实行高垄栽培，挖好排水渠，防止长时间积水，造成沤根。

**4. 土壤及矿质元素**

辣椒适合在中性与偏酸性的土壤上栽培，比较耐贫瘠，在沙土、壤土、黏土地都可栽植。地势低洼的盐碱地和土壤质地较重、土壤板结严重等造成土壤通气性不良的土壤，都不利于辣椒生长。宜在土层浐厚肥沃，富含有机质和透水性好的沙土、沙壤土及两合土种植。最好不要连作，也避免与其他茄科作物连作，若土地调整不开必须连作时，要注意合理施肥与病虫害的防治工作。

辣椒生长发育要求充足的矿质营养，对氮、磷、钾三要素肥料均有较高的要求，尤其对肥料中磷、钾的需求量较大。在施足有机基肥的基础上，合理掌握氮、磷、钾三要素肥料施用的比例是辣椒施肥的关键。氮肥主供辣椒枝叶的发育，此外还影响辣椒果实中朝天辣椒素的含量，氮肥较磷、钾肥多时，朝天辣椒素含量降低，氮肥铰磷、钾肥少时，朝天辣椒素含量提高。在施用氮肥时要注意适量，过量施用易造成植株狂长，降低辣椒品质，还要谨防氨气中毒引起落叶。磷肥和钾肥可促进植株根系生长、果实膨大、增强果实着色，还可提高辣椒的品质和适口性。在盛花坐果期，需要大量的氮、磷、钾肥。

不同生育期，氮、磷、钾三要素肥料的使用量及比例不同。幼苗期植株细小，氮肥的需求量较少，但需适当的磷、钾 素肥，以满足根系生长的需要。辣椒在幼苗期就已开始花芽分化，此时，受氮、磷、钾影响大，施肥全面、比例适中且早施，花芽分化早，分化数量多，相反若施用量不平衡，会延迟辣椒花芽分化。单施氮肥或磷肥及单施氮、钾或磷、钾素肥都会延迟花芽分化期。盛花坐果时期需大量的氮、磷、钾三大要素肥料。初花期氮素过多，植株徒长，营养生长与生殖生长不平衡。大果型品种如辣椒类型需氮素肥较多，小果型品种如簇生椒类型需氮肥较少。辣椒的辛辣味受氮素影响明显，多施氮素肥辛辣味减低。越夏恋秋的植株，多施氮肥促进新生枝叶的抽生，磷、钾肥使茎秆粗健，增强植株抗病力，促进果实膨大和增进果实色泽、品质。故在栽培上氮、磷、钾三要素肥应配合适当比例。供干制用的辣椒，应适当控制氮肥，增加磷、钾和钙肥的施用，果实膨大期避免发生缺钙现象，钙肥对果实品质和着色有一定作用。

　　辣椒生长还需吸收镁、铁、硼、钼、锰等微量元素，一般在有机肥充足的条件下，微量元素不缺乏。总之，在辣椒栽培中，应注意以农家肥料为主，并施一定数量化肥，追施要注意氮、磷、钾的合理配比。氮肥供应要适量，特别是苗期不宜施氮肥过多，以免造成生长过盛，延迟结果。但辣椒耐肥力又较差，特别在温室栽培中，一次性施肥量不宜过多，否则易发生各种生理障碍。

# 第二章　辣椒的类型和新优品种

辣椒为茄科（Solanaceae）辣椒属（Capsicum）植物，属一年生或多年生草本植物，又称为番椒、海椒、秦椒、辣茄。茄科辣椒属中能结食用浆果的 5 个栽培种，分别为一年生辣椒种（Capsicum annum L.）、灌木状辣椒种（Capsicum frutescens L.）、C. chinense、下垂辣椒（C. baccatum）和茸毛辣椒（C. pubescens），是一种常异花授粉作物。中国一年生辣椒又可分为灯笼椒（C. annuum L. var. grossum Sent.）、长角椒（C. annuum L. var. longum Sent.）、指形椒（C. annuum L. var. 天 actylus M.）、短锥椒（C. annuum L. var. breviconoi 天 eum Haz.）、樱桃椒（C. annuum L. var. cerasiforme Irish）和簇生椒（C. annuum L. var. fasciculafum Sturt.）6 个变种。

目前国内主要种植的不同类型辣椒新优品种如下。

**1. 锥形甜椒类型**

京甜 1 号：由北京市农林科学院蔬菜研究中心育成。早熟甜椒一代杂种，始花节位为第 9～10 节，植株生长健壮。持续坐果能力强，整个生长季果形保持良好。果实长圆锥形，以 2～3 心室为主，青熟期果实深绿色，长 15.0cm 左右，肩宽约 5.9cm，果面光滑，肉厚约 0.5cm，单果重量 100～160 g。果实老熟期暗红色，含糖量和辣椒红素含量较高。高抗 TMV，抗 CMV，耐疫病，对青枯病的抗性较甜杂 1 号强，适于云南、四川、贵州等地秋延后大棚、露地种植。

国禧 111：由北京市农林科学院蔬菜研究中心育成。早熟甜椒 F1，产量高，低温下坐果优秀。果型长圆锥形，果大肉厚，嫩果绿色，红果鲜艳亮丽。果实纵径 15～18cm，果肩宽 6.1～6.5cm，单果重 100～170 g，耐贮运。绿、红果兼用品种，红椒采收为主，抗病毒病和青枯病能力强。适宜海拔高的云南、四川、贵州及广东北运基地种植。

京椒 3 号：由北京市农林科学院蔬菜研究中心育成。中早熟甜椒 F1，生长势强，果实为长圆锥形，果面光滑，以 3 心室为主，青熟果绿色，生理成熟果红色，平均果实纵径 15.8cm，横径 5.3cm，果肉厚 5.5 mm，单果重 90～130 g。品质佳。抗 TMV、耐 CMV 疫病。座果率高，连续结果能力强，一般亩产 3 000～4 500 kg。适于云、贵、川等保护地及露地栽培。

**2. 灯笼形甜椒类型**

京甜 3 号：由北京市农林科学院蔬菜研究中心育成。中早熟甜椒 F1，始花节位 9～10 节，生长势健壮，叶片深绿，果实正方灯笼形，4 心室率高，果实翠绿色，果表光滑，商品率高，耐贮运。果实纵径约 10cm，果实横径约 9.5cm，肉厚 0.56cm，单果重 160～260 g，耐低温耐弱光，持续座果能力强，整个生长季果形保持很好，高抗烟草花叶病毒和黄瓜花叶病毒，抗青枯病，耐疫病。适于华南南菜北运基地种植。

国禧 109：由北京市农林科学院蔬菜研究中心育成。为大果型甜椒 F1 杂交种，中早熟，始花节位 9～10 节，植株生长势健壮。果实方灯笼形，3～4 心室，果实绿色，果面光滑，果实纵径约 10cm，果实横径约 9cm，肉厚 0.56cm，单果重 160～260 g，品质佳，耐贮运。植株持续座果能力强，整个生长季果形保持良好，低温耐受性强，高抗 TMV 和 CMV，抗青枯病，耐疫病。适于北方保护地及露地种植。

国禧 113：由北京市农林科学院蔬菜研究中心育成。早熟甜椒 F1 杂交品种，始花节位 8～9 节，植株生长健壮，坐果优秀，产量高。商品果绿色，果实为方灯笼型，果实纵径约 12cm，果肩宽约 11cm，单果重 220～350 g，果肉厚 0.6cm。果形好，四心室率高，商品率高，耐贮运，品质佳，高附加值甜椒品种。北方拱棚秋延后种植效益好，春季拱棚种植果形好。

国禧 809：由北京市农林科学院蔬菜研究中心育成。中熟甜椒 F1 杂交品种，植株生长健壮，坐果优秀，产量高，货架期长，高附加值甜椒品种。商品果绿色，果实大方灯，果实纵径约 12cm，果实横径约 10cm，单果重 290～380 g，果肉厚 0.8cm 左右。果形方正，可绿椒采收、也可红椒上市，适宜出口外销。低温耐受性强，抗疫病、抗病毒病。适于露地或保护地种植。

中椒 105 号：由中国农业科学院蔬菜花卉研究所最新育成的中早熟甜椒一代杂种。植株生长势强，果实灯笼形，3～4 心室，果面光滑，果色浅绿，单果重 130～150 g。中早熟，从始花至采收约 35d 左右。与市场同类品种比较，其最突出点在于中后期坐果多，果形好，果实大。此品种在整个采收期果实商品性好，商品率高，且耐贮运。该品种抗逆性强，兼具较强的耐热和耐低温能力，抗病毒病。亩产 5 000～6 500 kg。主要适宜广东、海南等地区秋、冬季栽培，8 月上旬～10 月下旬播种，高畦栽培，亩栽 3 000～4 000 株，株行距 50cm，基肥以多施农家肥为主，及时追肥，注意防治病虫害。也可用于北方春茬塑料大棚栽培。

中椒 108 号：由中国农业科学院蔬菜花卉研究所最新育成的中熟甜椒一代杂种植株生长势中，果实方灯笼形，果纵径 11cm，横径约 9cm，4 心室率高，果面光滑，果色绿，单果重 180 g 左右，肉厚 0.6cm。中熟，从始花至采收约

35d 左右，果实商品性好，商品率高，耐贮运，货架期长。抗病毒病，耐疫病。亩产 3 500～4 500 kg。主要适宜广东、海南地区露地栽培，也可用于北方冬茬塑料大棚栽培。

中椒 0808 号：由中国农业科学院蔬菜花卉研究所最新育成的中晚熟甜椒一代杂种中晚熟辣椒品种，从定植到始收 70d 左右。植株生长势强，株型较直立，株高 52.0cm 左右，开展度 41.5cm×48.5cm 左右。始花节位 8～9 节，果实方灯笼形，青熟果实浅绿色，成熟果实黄色，果实纵径平均 9.0cm，果实横径平均 8.0cm，平均单果重 180 g 左右。果肉厚 0.8cm，3～4 心室，以鲜食为主。果实商品性好，田间表现综合抗性好，抗 TMV，中抗 cmV，中抗疫病。主要北方地区露地栽培，也可用于广东、海南地区秋冬露地栽培和北方冬春长季节栽培。

海丰 10 号：由北京市海淀区植物组织培养技术实验室育成。大果型甜椒杂交种，始花节位为 10～11 节，果实方灯笼型，果实纵径平均为 12～14cm，横径平均为 9～10cm，平均果肉厚为 0.61cm，平均单果重为 231.37 g，商品性好，货架期长，适合北方保护地长季节栽培和南方露地栽培，比同类品种采收期长，连续座果能力强。

海丰 16 号：由北京市海淀区植物组织培养技术实验室育成。大果型甜椒杂交种，早熟，始花节位为 9～10 节，果实方正，果实纵径平均为 9.80cm，横径平均为 10.52cm，平均果肉厚 0.69cm，平均单果重为 261.58 g，适合河北、山东等地的秋延后大棚栽培和广东，广西、山西、陕西等地露地栽培，其早熟性和丰产性优于当地的主栽品种。

富瑞达：荷兰安莎种子公司选育。杂交一代大果型甜椒新品种。果实长方形，植株生长健壮，连续座果能力强，畸形果少，平均单果重约 300 g 左右，果皮厚，产量高。成熟时果实颜色由绿转红色，既可采收绿果，又可采收红果。高抗烟草花叶病毒病 0、1、2、3，耐斑枯病毒。适合日光温室及大棚栽培。

**3. 牛角形辣椒类型**

国福 901：由北京市农林科学院蔬菜研究中心育成。中早熟辣椒 F1 杂交种，植株生长健壮，株型紧凑，低温寡照下座果优秀，持续座果能力强，膨果速度快。果实长牛角形，果面光滑，果型顺直。果实纵径为 28.5cm 左右，果实横径为 4.8cm 左右，肉厚约 0.4cm，单果重 130～160 g；青熟果淡绿色，老熟果红色；辣味适中，口感佳，较耐贮运；抗 TMV 病毒病。较耐热耐湿，适宜北方保护地种植。

国福 907：由北京市农林科学院蔬菜研究中心育成。中早熟辣椒 F1 杂交种，植株生长健壮，株型紧凑，低温寡照下座果优秀，持续座果能力强，果柄粗壮，膨果速度快。果实长牛角形，果面光滑，果型顺直。果实纵径为 30cm

左右，果实横径为 4.5cm 左右，肉厚约 0.35cm，单果重 130～180 g；青熟果黄绿色，老熟果红色；辣味适中，口感佳，较耐贮运；抗 TMV 病毒病。较耐热耐湿，秋延后栽培亦佳，适宜北方保护地种植。

国福 909：由北京市农林科学院蔬菜研究中心育成。中早熟辣椒，株型紧凑，低温寡照下座果优秀，膨果速度快。果实牛角形，果实顺直光滑，。果实纵径为 30cm 左右，果实横径为 4.5cm 左右，单果重 150～180 g；果淡绿转红，绿椒红椒均可上市，辣味适中，口感佳，较耐贮运。该品种抗 TMV 病毒病，较耐热耐湿，适宜南方露地和北方保护地种植。

福湘秀丽：由湖南省蔬菜研究所育成。中熟炮椒品种，株高 70cm 左右，株幅 65cm 左右，第一花着生节位为 12 节左右。果实粗牛角形，青果绿色，成熟果鲜红色，果表光亮，果长 18cm 左右，果宽约 5.5cm，肉厚 0.5cm，单果重 120 g 左右，商品性佳。座果多，连续座果能力强，果实耐贮运能力强。是广东、广西、海南南菜北运主栽品种。

福湘早帅：由湖南省蔬菜研究所育成。早熟薄皮泡椒品种，株高 45cm 左右，株幅 53cm 左右，植株生长势较弱，第一花着生节位 8～9 节，果实牛角形，果实纵径 14cm 左右，横径 4.5cm 左右，肉厚 0.3cm 左右，青熟果为绿色，生物学成熟果红色，平均单果重 60 g 左右，果皮薄，肉厚质脆，品质上等，味半辣，以鲜食为主。果实商品性好，综合抗病能力强。该品种适宜于作大棚极早熟或露地早熟栽培。长江流域作早春极早熟栽培一般采用大棚或温室育苗，播种时间为 10 月中上旬，11～12 月分苗一次，大棚栽培一般在春节后的 2 月定植，露地地膜覆盖栽培一般在 3 月中旬定植。

海丰 23 号：由北京市海淀区植物组织培养技术实验室育成。早熟，果色绿，果长 22～30cm，果实横径 3.5～4.5cm，果肉厚 0.3cm，平均单果重 120 g，果实顺直，果面光滑，商品性好。植株生长势强，连续座果能力好。适合北方保护地和露地栽培。

迅驰（37-74）：荷兰瑞克斯旺（中国）种子有限公司育成。牛角型辣椒杂交一代，植株开展度中等，生长旺盛。连续座果性强，耐寒性好，适合秋冬、早春、早秋保护地种植种植。果实羊角形，淡绿色。在正常温度下，长度可达 20～25cm，直径 4cm 左右，外表光亮，商品性好。单果重 80～120 g，辣味浓。抗烟草花叶病毒病（Tm：0～2）。

运驰（37-82）：荷兰瑞克斯旺（中国）种子有限公司育成。牛角型辣椒杂交一代，植株长势中等，连续坐果能力强，产量高，适合秋冬温室及早春温室和拱棚种植。果实粗羊角形，果色浓绿，果实长 20～25cm，直径 4cm 左右，单果重 80～120 g。果实稍扁，肩部有皱褶，表皮光亮，辣味浓，商品性好。抗烟草花叶病毒病，耐疫病、抗根线虫。

### 4. 羊角形辣椒类型

国福 209：由北京市农林科学院蔬菜研究中心育成。中早熟、高产辣椒 F1 杂交种，植株生长健壮，果实长宽羊角形，果形顺直美观，肉厚质脆腔小；果实纵长 23～25cm，果肩宽约 4.0cm，肉厚约 0.35cm，单果重 110 g 左右。辣味适中，青熟果淡绿色，红果鲜艳，红熟后不易变软，耐贮运，持续座果能力强，商品率高；抗病毒病和青枯病、叶斑病；耐热耐湿，绿、红椒均可上市，适宜露地种植。

国福 210：由北京市农林科学院蔬菜研究中心育成。中早熟、高产辣椒 F1 杂交种，植株生长健壮，果实长宽羊角形，果形顺直美观，肉厚质脆腔小；果实纵长 23～26cm，果肩宽约 4.5cm，肉厚约 0.4cm，单果重 120 g 左右。辣味适中，青熟果淡绿色，红果鲜艳，红熟后不易变软，耐贮运，持续座果能力强，商品率高；抗病毒病和青枯病、叶斑病；耐热耐湿，绿、红椒均可上市，适宜露地种植。

国研 1 号：由北京市农林科学院蔬菜研究中心育成。中早熟、高产辣椒 F1 杂交种，植株生长健壮，果实长宽羊角形，果形顺直美观，肉厚质脆腔小；果实纵长 23～26cm，果肩宽约 5.6cm，肉厚约 0.4cm，单果重 150 g 左右。味适中，青熟果淡绿色，红果鲜艳，红熟后不易变软，耐贮运，持续座果能力强，商品率高；抗病毒病和青枯病、叶斑病；耐热耐湿，适宜保护地种植。

都椒 1 号：由北京市农林科学院蔬菜研究中心育成。中早熟辣椒，生长势强，叶片绿色，果实长羊角形，果长 15～20cm，商品果绿色，老熟果红色，心室 2～3 个，单果重 25～30 g，最大果重 50 g。品质好，辣味适中。抗 TMV，耐 CMV 及疫病。座果率高。适宜保护地及露地早熟栽培。

京旋 703：由北京市农林科学院蔬菜研究中心育成。中早熟、羊角形螺丝椒 F1 杂交种，持续坐果能力强，膨果速度快，上下层果实一致。青熟果翠绿色，成熟果鲜红色，果实纵长 26～33cm，果实横经 3.5～3.8cm，单果重 60～80 g，辣味中等，皮薄质翠。品种较抗病毒病、耐青枯病，适于保护地和露地种植。

兴蔬绿燕：由湖南省蔬菜研究所育成。中熟羊角椒品种，株高 70cm 左右，株幅 70cm 左右，植株生长势较强，第一花着生节位 11 节，果实羊角形，果实纵径 22cm 左右，横径 1.8cm 左右，肉厚 0.3cm 左右，青熟果为绿色，生物学成熟果鲜红色，平均单果重 25 g 左右，味辛辣，以鲜食为主。果实商品性好，耐贮运能力强，综合抗病能力强。

海丰 28 号：由北京市海淀区植物组织培养技术实验室育成。早熟，绿色，粗羊角型辣椒杂交一代，果味辣，始花节位 9～10 节，果面光滑，果长 20～23cm，果粗约 3.0cm 左右，单果重 80 g 左右。生长势强，连续座果性好，耐病毒病，疫病。露地、保护地均可栽培。

海丰 14 号：由北京市海淀区植物组织培养技术实验室育成。早熟，羊角形辣椒杂交一代，浅绿色，果长 20cm 左右，果粗约 3.0cm，果肉厚，耐贮运。果面光滑，果实顺直，商品性好。生长势强，结果期长，座果率高，抗病性好。

喜洋洋：国外引进早熟羊角形辣椒品种，一般 8 片叶开始分枝座果，座果后果实膨大速度快，成熟快，可提前采收，早上市。果皮黄绿色，果长 25～35cm，果粗 4～5cm，平均单果重 100～150 g，皮厚光亮，外观美，辣味浓，商品性好。连续座果能力特强，每株可同时座果 40～50 个不封顶，节短不宜徒长，亩植 2 000～2 500 株。抗高温耐低温，高抗病毒病。

**5. 锥牛角形辣椒类型**

国福 313：由北京市农林科学院蔬菜研究中心育成。中早熟微辣，锥牛角形辣椒 F1。果大、产量高，果型长锥形，商品果绿色，商品率高。果实纵径 18～20cm，果肩宽 5.8～6.5cm，单果重 160～230g，耐贮运。抗病毒病和青枯病能力强，耐热、耐低温等抗逆性强。适宜华中等地区秋延后及早春拱棚种植，南方露地种植。

国福 318：由北京市农林科学院蔬菜研究中心育成。中早熟微辣，锥牛角形辣椒 F1，红果专用品种。果型长圆锥形，青熟果淡绿色，红果鲜艳，商品率高。果实纵径 15～17cm，果肩宽 6.0～6.5cm，果肉厚 0.55cm，单果重 140～180 g，耐贮运。抗病毒病和青枯病能力强，耐热、耐低温等抗逆性强。适宜华南等地区秋延后拱棚及南方露地种植。

中椒 106 号：由中国农业科学院蔬菜花卉研究所育成的中早熟辣椒一代杂种。植株生长势强，果实粗牛角形，果面光滑，果色绿，生理成熟后亮红色，单果重 50～60 g，大果可达 100 g 以上。中早熟，从始花至采收约 35d 左右，即可采收青椒，也可采收红椒，果肉较厚，耐贮运。田间抗逆性强，抗病毒病，耐疫病。适宜全国各地露地栽培，也可高山栽培。播期据当地情况而定。

豫艺 301：由河南农大豫艺种业育成的大果牛角椒一代杂种，中早熟。植株生长势强。门椒出现在 10 节，果实膨大速度快，前期产量高且连续坐果能力强。果实粗长牛角形，特大，长 20～25cm，横径 4～5cm，单椒重 100～160 g，大者可达 250 g。果实顺直美观，果色浓绿，富有光泽。口味微辣，果厚肉，耐贮存和长途运输。适宜北方地区夏、秋保护地及南方地区秋冬季露地栽培。

**6. 线形辣椒类型**

国福 407：由北京市农林科学院蔬菜研究中心育成。丘北类型线椒，雄性不育系育成中熟 F1 杂交种，植株生长势较旺，半直立株型，连续座果能力突出，节节有果，果实锥细羊角形，果长 12～15cm，果肩宽 1.5cm 左右，单果重 15～20 g。果实光亮，青熟果深绿色，红果鲜亮，干椒色泽艳红，辣味香浓，食味极佳，耐贮运，商品性好。耐热、耐湿性强，高抗病毒病，抗青枯病和疫病。持续收获期长，干鲜两用，适宜多种加工。

国福 428：由北京市农林科学院蔬菜研究中心育成。早熟深绿线椒，果实顺直美观，果面光滑有光泽，果长 26cm 左右，果肩宽 1.9cm 左右，单果重 24～30 g。青熟果深绿色，成熟果红色，辣味香浓，该品种耐热、耐湿性强，高抗病毒病，抗青枯病和疫病。适宜南方露地种植。

国福 429：由北京市农林科学院蔬菜研究中心育成。早熟深绿线椒 F1 杂交种，果实顺直美观，果面光滑有光泽，果长 25～27cm，果肩宽 2.0cm 左右，单果重 25～32 g。青熟果深绿色，成熟果红色，辣味香浓，该品种耐热、耐湿性强，高抗病毒病，抗青枯病和疫病。适宜南方露地种植。

京线 4 号：由北京市农林科学院蔬菜研究中心育成。中早熟辣椒 F1。分枝能力强。果实为线椒形，果面顺直而美观。一般果实纵径 25～33cm，横径 1.2～1.4cm，果重 22～30 g。青熟果为浅绿色，生理成熟果鲜红而亮。商品性好，辣味而香浓，品质佳。适宜干、鲜、加工。耐热、耐湿。抗病毒病能力较强。连续座果能力强。适宜南北方露地及保护地栽培。

博辣 5 号：由湖南省蔬菜研究所育成。中晚熟长线椒品种，株高 70cm 左右，株幅 80cm 左右，第一花着生节位为 14 节左右。果实羊角形，青果深绿色，生物学成熟果鲜红色，果表光亮，果长 22cm 左右，果宽约 1.5cm，肉厚 0.5cm，单果重 20 g 左右，果表光亮，果形较直，果实味辣，风味好，可鲜食或加工盐渍酱制。座果多，连续座果能力强。

博辣红星：由湖南省蔬菜研究所育成。中早熟长线椒品种，株高 60cm 左右，株幅 80cm 左右，植株生长势较强，第一花着生节位 10～11 节，果实羊角形，果实纵径 12～14cm，横径 2.2～2.5cm，肉厚 0.25cm，果形较直，整齐标准，青熟果为深绿色，生物学成熟果深红色，平均单果重 26 g，最大单果重 32 g，果实味辣，风味好，可鲜食、加工干制、酱制或作提取红色素的原料。前期育壮苗，参考株行距 40cm×40cm，可双株定植。施足基肥，及时追肥。

### 7. 皱皮辣椒类型

苏椒 14 号：由江苏省农业科学院蔬菜研究所育成。始花节位 7～8 节，株型半开张，侧枝少，叶色绿。坐果能力强且集中，果实粗长牛角形，果长 18～25cm，果肩宽 5.0～5.6cm，肉厚 0.4cm，平均单果重 100 g 左右，青熟果绿色，老熟果鲜红色，光泽亮，味较辣，果面光滑，商品性好，耐贮运。抗病性好，耐热突出。是大棚秋季延后保护地栽培最佳替代品种。适宜保护地秋延后及春提早栽培，长江流域及其以南诸省春季露地栽培，以及两广，海南的秋冬栽培。保护地秋延后栽培 7 月中下旬至 8 月初播种，亩栽 5 500 株左右。保护地春提早栽培，9 月下旬至 10 月下旬播种，2～3 片真叶时分苗一次，11 月下旬至翌年 2 月上旬定植。

苏椒 15 号：由江苏省农业科学院蔬菜研究所育成。牛角椒类型品种，早中熟，始花节位约 11 节。果实牛角形，浅绿色，平均单果质量 76.4 g，果实平均长度 15.6cm，果肩平均宽度 4.7cm，果形指数 3.3，果平均肉厚 0.37cm，味微辣。田间调查表明，病毒病病情指数 3.9，表现为抗；炭疽病病情指数 0.0，表现为抗。长江中下游地区春提早栽培，一般于 10 月中下旬播种育苗，翌年 2 月上中旬采用"三膜一帘"定植；黄淮海地区延秋栽培，宜在 7 月中旬采用遮阳避雨育苗，8 月底定植。

苏椒 16 号：由江苏省农业科学院蔬菜研究所育成。长灯笼形辣椒品种，早熟，始花节位约 10 节。果实长灯笼形，绿色，平均单果重 49.3 g，果实平均长 11.8cm，果平均肩宽 4.4cm，果形指数 2.7，果平均肉厚 0.28cm，味微辣。产量 3 348.0 kg/667m²，比对照品种苏椒 5 号增产 4.0%。田间调查表明，病毒病病指 2.7，表现为抗；炭疽病病指 0.0，表现为抗。长江中下游地区冬春茬栽培，9 月上旬育苗，10 月中旬定植；早春栽培，一般于 11 月中下旬播种育苗，1 月中下旬定植。

海丰 25 号：由北京市海淀区植物组织培养技术实验室育成。早熟，麻辣辣椒，果实长灯笼形，果面光滑有光泽，略有皱褶，青果绿色，成熟果红色，果长 12cm 左右，果肩宽 8cm 左右，平均果肉厚 0.5cm，味微辣。植株生长势强，田间抗病性调查，抗病毒病、炭疽病。

### 8. 干制辣椒类型

国塔 109：由北京市农林科学院蔬菜研究中心育成。利用雄性不育系育成中熟干鲜两用辣椒 F1，植株生长健壮，半直立株型；青辣椒呈绿色，干椒呈浓红色，辣味浓，高油脂，辣椒红素含量高，商品率高；果实中长锥圆羊角形，果实纵径 15cm 左右，果肩宽约左 2.4cm，单果重 28～40 g，持续座果能力强，单株座果 40～60 个；抗病毒病和青枯病，是速冻红椒、干椒兼用出口大果品种；适宜我国内蒙古、吉林、辽宁及西北新疆等规模化出口干椒生产基地露地种植。

国塔 118：由北京市农林科学院蔬菜研究中心育成。利用雄性不育系育成中熟干鲜两用辣椒 F1 杂交种，植株生长健壮，半直立株型；青辣椒呈绿色，干椒呈浓红色，辣味浓，高油脂，辣椒红素含量高，商品率高；果实中长锥圆羊角形，果实纵径 14～15cm，果肩宽 2.4cm，单果重 28～40 g 持续座果能力强，单株座果 40～60 个；抗病毒病和青枯病，是速冻红椒、干椒兼用出口大果品种；适宜我国内蒙古、吉林、辽宁及西北新疆等规模化出口干椒生产基地露地种植。

金塔：由韩国引进的干椒品种。早熟，干椒专用，红椒深红，油性大，果长 12～14cm，果粗 2.0～2.5cm。适宜我国内蒙古、吉林、辽宁等规模化出口干椒生产基地露地种植。

**9. 朝天椒类型**

艳椒 425：由重庆市农业科学院蔬菜所育成。中晚熟单生朝天椒，商品性好、品质优、加工性状优良。极辣形，辣椒素含量约 2 500 mg/kg，辣椒红素含量约为 141 mg/kg 果实硬度好，适宜干制加工。产量高，每亩约 1 600 kg以上，干制率达到 21.3％。品种抗逆、抗病性强，耐瘠耐热，适合山区露地及地膜覆盖种植。果实长 9cm，采收方便。

国塔 116：由北京市农林科学院蔬菜研究中心育成。中熟 F1 杂交种，生长势旺，直立株型，分枝能力强，果实直把簇生手指形，青熟果绿色，成熟果红果鲜艳，干椒为深红色，果纵长 6～8cm，果肩宽约 1.0cm，单果重 12～16 g，高油质，辣味浓香。适于川菜配料、火锅佐料及加工腌制、制辣酱等。该品种持续座果能力强，收获期长，绿、红果均可采收，丰产、抗病性和适应性强。

艳红：由泰国引进的簇生朝天椒杂交一代品种。中熟，耐热，耐湿，抗病性强。青果深绿，红果鲜红光亮，果长 7～9cm，果粗 0.7～0.9cm，每簇坐果7～9 个。

# 第三章　辣椒露地栽培技术

## 一、辣椒北方露地栽培技术

在我国的东北、华北和西北等广大北方地区，气候寒冷，无霜期短，辣椒露地生产一年只能种植一茬，以春露地栽培为主。

**1. 品种选择**

根据我国北方地区的气候特点，综合考虑当地的地理位置、技术力量、经济基础和消费习惯，合理选择优质、高产、抗逆性强、抗病、适应性广的辣椒品种，以取得最佳的经济效益。

**2. 播期选择**

在东北、西北和华北北部的高寒地区，辣椒于 2 月中旬至 3 月上旬播种育苗。在华北的大部分地区，辣椒多于 1 月中下旬播种。合理的播种期应据当地具体气候条件和辣椒的市场供求情况而定。北京地区多于 1 月底至 2 月上旬播种。

**3. 育苗**

绝大多数北方地区采用保护地育苗方式栽培露地辣椒。育苗方式有温室育苗、大棚育苗、阳畦育苗和温床育苗。经济条件不同采取的育苗方式不同。其中阳畦育苗被较多采用。

**4. 定植**

应选择地势高燥、土层深厚、保水保肥、排灌方便的田块种植辣椒，忌与番茄、马铃薯、辣椒、茄子等茄科蔬菜连作或邻作。

于先年秋天或当年春天土壤解冻后深翻地和整地，同时结合整地每亩施入充分腐熟的有机肥 4 000～5 000 kg、过磷酸钙 50 kg、饼肥 100 kg。基肥的施用应尽量少用含氮较多的速效精肥及速效化肥。将肥料与土壤混匀，整平做畦。可采取高垄栽培和小高垄栽培。高垄栽培一般垄高 15～25cm，垄底宽 70cm，上宽 35cm，沟宽 50cm。小高垄栽培垄高 10～15cm，垄面宽 50cm，沟宽 40cm。

北方一般在 4 月底至 5 月上中旬定植移栽，此时地温已达到 15℃，满足辣椒根系的生长需要。定植深度以与子叶节平齐为标准，不宜过深，以免感染疫病等土传病害。每畦栽 2 行，株行距为 35cm×45cm 左右，每穴栽 1～2 株。

每亩栽苗 4 000～4 500 株。

**5. 定植后管理**

**（1）水分管理**　定植后及时浇足定植水。辣椒比较耐旱，前期应适当少浇水，以促根深扎。直至门椒坐住后，再开始浇水灌溉。整个辣椒生育期应视土壤情况及时补充水分，浇水以保持地面湿润为标准，严禁大水漫灌，浇水以不淹没根茎为宜，可预防疫病发生。雨季注意排涝。

**（2）中耕、培土与除草**　露地栽培辣椒，由于浇水、施肥、降雨等因素，土壤易板结，墒情破坏，故在辣椒完全缓苗后应及时进行中耕培土，以提高地温，增加土壤透气性和促发新根。中耕一般结合除草进行，宜浅不宜深，深度和范围以不损伤根系为准。露地栽培的辣椒植株高大，结果较多，要进行培土以防倒伏。在辣椒封行以前，结合中耕逐步进行培土，根系随之下移，除防止倒伏外，还可增强抗旱能力，并利于浇水。培土时，尽量从沟中取土，培加两侧及辣椒根基部的土壤。一般露地栽培中耕 3～5 次。

**（3）肥料管理**　门椒坐住后，应结合浇水每亩沟施或穴施尿素 15 kg 或腐熟饼肥 50 kg。结果期可随水每亩施磷酸二胺 15～20kg。辣椒进入盛果期后，营养生长和生殖生长同时进行，需要大量的营养。此时浇水频繁，每隔7～10d 浇一次水，可隔一水追一次肥，一般每亩每次追施尿素 5～10kg 和硫酸钾 8～10kg，或腐熟饼肥 50kg。

**（4）其他农事管理**　及时清除杂草，清洁田园，保持辣椒的无污染环境。发生病虫时，严禁使用剧毒农药，特别是农业部颁布的禁用品种，以微生物农药、除虫菊酚类农药为主，防治病虫时，采用传统的波尔多液、硫酸铜等效果也很好。

# 二、辣椒南方露地栽培技术

**1. 品种选择**

选择适宜当地栽培的主栽品种，要求所选品种耐热、抗性强、品质佳、坐果习性好，南菜北运基地应注意选择耐贮运、果实商品性好的优良品种。

**2. 适时播种**

根据市场行情与当地的气候条件、栽培习惯等来确定播种时间。为适应南菜北运等的市场需要，南方的广东省南部地区和海南省等地多在 8～10 月播种，元旦前后或春节前后采收；海南地区的播种时间也可定在 10 月下旬至 11月上旬，辣椒在春节后上市。广州地区多采用春播夏季采收，一般 2～3 月播种，5～7 月采收；秋播冬收多为 7 月下旬至 8 月上旬播种，10 月下旬至次年 1 月采收。

**3. 培育壮苗**

在温度较高的海南和广东等地区，可露地育苗，也可采用小拱棚＋棚膜、遮阳网的方式进行育苗，更有利于培育壮苗，也有利于减少暴风雨等的危害。

**4. 定植**

**（1）整地施肥** 辣椒即怕涝有不耐旱，而南方的有些地区雨水较多，有些地区的温度偏高，所以要注意选择地势较高，排灌水都较方便、肥沃的砂壤土或壤土等地块种植辣椒。气候潮湿地区先开沟排水，将田地深耕1～2遍，待土壤干爽后再整地做畦。为了保证辣椒土壤的干松状态，切忌湿土整地。每亩施有机肥2 000～3 000kg，饼肥150～200kg，复合肥40kg，过磷酸钙40kg，或适当增加有机肥含量，适当降低饼肥的施用量。将地表土与肥料充分混合均匀。为了排、灌水和农事操作方便，多采用窄畦或高垄栽培。根据种植习惯的不同，畦面宽可整成80～150cm不等，垄宽80～100cm，畦沟深25cm左右，沟距30～40cm，地周围可深开围沟40cm。也可直接将复合肥均匀撒在地块上再做畦，采用这种方法一定要注意掌握好施肥的深度与施肥量，以免烧伤辣椒苗的根系。一般按早熟品种40cm×40cm，中熟品种50cm×50cm，晚熟品种60cm×60cm的参考定株行距。

**（2）定植** 当幼苗5～6片叶时即可定植。辣椒定植宜在晴天进行，晴天土温高，有利于根系的生长活棵，栽苗缓苗快，阴雨天栽苗缓苗慢，而且不发苗。起苗时，注意保护幼苗根系，边起苗，边定植。定植覆土后，及时浇足定植水，促进根系复活，如果利用沟渠浇水，注意不能上大水，浇足水后，应及时排干沟水。

**5. 定植后管理**

在海南、广东等华南部分地区，辣椒露地栽培不同于内地，在整个生育期内，温度都较适宜辣椒生长，特别是生育前期，辣椒生长较快，故前期管理相当重要。

**（1）水分管理** 定植后5～7d主要是保湿促早发。一般定植5～7d后，辣椒幼苗有新根生出，缓苗结束，此时要注意保持田间地面湿润。在门椒坐住之前，以浇水为主，门椒坐稳后，可在下午进行沟灌。在辣椒末封垄之前，土壤水分蒸发量较大，要做到小水勤灌，在辣椒封垄以后，土壤水份蒸发量相对减少，可以根据墒情灌溉。水分管理要根据天气、地温、病虫害等情况灵活掌握，做到适时，适度。前期浇水，可结合追肥进行，也可结合灌药进行。

**（2）肥料管理** 辣椒追肥一定要根据不同生长发育期的生长特点进行。辣椒缓苗至开花前，要轻施苗肥以促进定植苗的生长，为开花、结果打好基础。在施用基肥的基础上，一般在定植7d以后追施苗肥，可随水施肥。苗肥以少量复合肥为主，忌重施氮肥，每亩用肥量为5～10kg复合肥＋5kg尿素。

每隔 7～10d 追施一次。

开花后至第一次采收前要稳施果肥，促进辣椒植株分枝、开花、坐果。肥料以氮磷钾复合肥为主，每亩施 15～25kg 复合肥＋5kg 钾肥＋2kg 硼肥。

辣椒植株进入盛果期后要重施果肥，此时期需肥量最大。海南等地施肥方式以打穴埋肥为主，施肥种类则以氮磷钾复合肥为主，适量增加一定量的钾肥，酌情增施尿素，一般采收一次追施肥料一次。值得注意的是，由于施用肥料浓度偏大，为了避免烧伤辣椒根系，引起落花，落果，落叶，施肥应结合浇水进行。

根据植株生长状况及辣椒市场行情可进行适量的后期补肥。特别是对于中、晚熟品种，后期补肥可显著提高后期产量。

**（3）中耕、培土与除草**　中耕、培土和除草同时进行。一般来说，中耕培土后，及时灌水，有利于辣椒生长。田间管理做得好，辣椒植株生长健壮，抵抗力增强，则病虫害发生相应减少，如此就能降低生产成本，产量增加，辣椒的品质、风味也可提高。

**（4）病、虫害防治**　南方辣椒露地栽培的虫害以蚜虫、蓟马、烟青虫和茶黄螨为主，病害以立枯病、枯萎病、疫病、炭疽病、青枯病、疮痂病和病毒病为主。应及时做好无公害病、虫害防治工作。

**6. 采收上市**

当辣椒的采收期与预测的市场行情相吻合时，应及时采收上市。若错过了市场行情，则一定要搞好田间管理，尽量为辣椒果实保鲜、保质。

# 第四章  辣椒日光温室栽培技术

## 一、日光温室春茬辣椒栽培技术

### 1. 适用品种

春茬栽培实质上是早熟栽培，必须注意品种的早熟性，兼础生产性和抗病性等。

### 2. 播种育苗

（1）播种期  根据品种特性、育苗条件和当地气候条件适时播种，一般华北地区播种期应为 12 月中旬至翌年 1 月初播种。

（2）亩用种量  生产实践中，播种量应具体根据种子质量、气候条件、播种方式、病虫害发生情况、育苗方式、土壤条件等来酌量增加，从而保证一定产量的获得。一般情况，每亩需 25～35g 种子。

（3）种子处理/消毒方法  播种前可将种子摊在簸箕内晒 1～2d。但注意不要将种子摊放在水泥地等升温较快的地方曝晒，以免烫伤种子。先将种子放在常温水中浸 15min，后转入 55～60℃的温汤热水中，用水量为种子量的 5 倍左右。期间要不断搅动以使种子受热均匀，使水温维持在 55～60℃范围内 10～15min，以起到杀菌作用。之后降低水温至 28～30℃或将种子转入 28～30℃的温水中，继续浸泡 8～12h。

（4）培养土的配制  由肥沃的园土、充分腐熟的堆厩肥或粪肥、蛭石、草炭、珍珠岩等按一定比例配制而成。选用园土时，应选用 1～2 年内未种过茄科蔬菜、瓜类蔬菜等的土壤。园土宜在 8 月高温时掘取，经充分烤晒后，打碎、过筛，再贮存于室内或用薄膜覆盖，保持干燥状态备用。施入培养土的有机肥料必须是充分腐熟的。工厂化育苗一般采用草炭：蛭石按体积比 3∶1 混合配制。

（5）播种方法

直接播种法：铺好床土，将覆盖在上面的培养土整平。播种前一天充分浇足底水（如果是下午播种，也可在上午浇水），播种时先将畦面耙松，随后将催好芽的种子撒播在畦面上。为播种均匀，可将催芽后的湿种子拌适量干细土后再进行播种。播种后要及时覆土一薄层（约 0.5cm 厚）经消毒过的盖籽培养土，并用洒水壶喷上一层薄水，冲出来的种子再用培养土覆没。最后，在温度较高时应覆上遮阳网。

育苗盘（穴盘）播种法：播种前要先将拌好的微潮培养土装入育苗穴盘中，将基质刮平稍压出凹。在 72 穴育苗盘中多采用点播。播种后覆上一层 0.5cm 左右干蛭石并轻轻压紧。再用喷头浇透水即可。没有经过催芽的干种子也可以直接播种，只是出芽时间要晚 1～2d，芽势略低一些。

### （6）育苗方式

温床育苗：温床育苗方式主要包括电热温床、酿热温床、火热温床和水热温床四种。目前华北冬春季辣椒育苗大多采用电热线加热温床。电热温床加热快、床温可按需要进行人工调节或自动调节，而不会受气候条件的影响太大。

温室育苗：温室按加温方式可分为加温温室和日光温室。目前生产上较多采用塑料薄膜日光温室，主要由土墙或砖墙、塑料薄膜和钢筋或竹木骨架构成，也可添加暖气等加温设施。

### （7）苗期管理

出苗期的管理：管理上主要采取促的措施；即主要是控制较高的湿度和较高的温度。因此，播种前应及时浇透苗床。遇低温时应做好覆盖保温，出苗期应控制在 22～26℃，夜间不低于 18℃。在出苗过程中，还要防止幼苗"戴帽"，如果发现小苗"戴帽"的较多，可喷适量水或撒些湿润的细土。如果"戴帽"现象不多，可以采取人工挑开的办法。

破心期的管理：在保证秧苗正常生长所需温度不限的前提下，应尽可能使幼苗多光。在正常生长的晴朗天气，可全部揭除覆盖物；即使遇上低温寒潮。也只是加强夜间和早晚的覆盖，白天要尽可能增加光照。其次是降低湿度。在幼苗破心期一定要控制浇水，可使床土表面见干见湿。注意防止"猝倒病"。及时间苗，以防幼苗拥挤和下胚轴伸长过快而成"高脚苗"。

旺盛生长期的管理：确保适宜温度，尽可能增加光照。在温度条件能保证秧苗正常生长的情况下，一般不需覆盖。保证水分和养分供应。正常的晴朗天气，一般每隔 2～3d 浇水一次，不要使床土"露白"；但每次浇水量不宜过多。在此期间，如果幼苗出现缺肥症状，可结合浇水喷 2～3 次营养液。营养液可用氮、磷、钾含量各 15%左右的专用复合肥配制，喷施浓度以 0.1%～0.2%为宜；一般开始喷的浓度可偏低一些，第二三次的浓度可偏高一些。如果是选用其他单一肥料配制营养液，一定要注意氮、磷、钾配合，防止因氮素过多而引起秧苗徒长或发育不良。配制辣椒幼苗营养液时可采用以下配方：尿素40g、过磷酸钙65g、硫酸钾125g、加水 100kg，整体浓度为 0.23%。注意防止立枯病。在幼苗的中后期易发生立枯病为害，应及时防止。常选用的药剂有 75%的百菌清可湿性粉剂 1 000 倍液。适时疏松表土。

炼苗期的管理：为了提高幼苗对定植后环境的适应能力，缩短定植后的缓苗时间，在定植前 6～10d 应进行秧苗锻炼。

主要措施有：控制肥水和揭除覆盖物降温、通风。

**3. 定植**

北京地区 2 月下旬定植。在上茬作物施足基肥的基础上，每亩施优质有机肥肥 4 000kg 以上，磷酸二铵 50～100kg。辣椒多为垄栽，铺设地膜和膜下滴管，以及有利于提高地温。一般双株对栽，行距 60～70cm，株距 40cm，沟距 40～50cm，垄高 15cm。

在保温性能好的冬用型日光温室里，地温一直可以满足辣椒定植的温度指标。因此，定植前的一切准备工作就绪之后，就可以定植了。定植一般选晴天上午进行，浇水利于当天晚上提高地温。定植时要把大小苗分开，一垄上大苗栽在后，小苗栽在前。每亩温室单株定植 3 000 株左右。以适当的密植争始早期产量。

**4. 定植后的管理**

**（1）前期　（定植至采收前）**　定植后 5～7d 是缓苗期，此期要密封温室，尽量不通风。白天温度可以超过 30℃，夜间尽量保温力求达到 18～20℃。同时要经常检查，注意随时补苗。缓苗后（约定植后 10d 左右）要顺沟浇一次水。底肥不足时，可在浇水前在行间开沟施入磷酸二铵，每亩 15～20kg，或过磷酸钙 50kg。施后与土掺匀，用土覆盖，然后浇水压肥。

**（2）中期　（采收初期至采收盛期）**　此期是在定植后的 40～75d，这是辣椒生产的关键时期。白天尽量不要出现或少出现 30℃以上的高温，夜温维持在 20℃左右，最低也控制在 17～18℃。这样既可维持植株的长势，又不会对果实膨大带来不利影响。光照对光合作用十分重要，此期棚膜使用已达 5～7 个月，透光率已大幅度下降。一些无滴持久性差的棚膜开始附着露珠，必须十分注意清洁膜面。同时要矫正植株，增加透光。结合浇水追肥时，用肥量不宜太大，必须氮、磷、钾肥配合。追施磷钾肥时，亩用 15～20kg。

**（3）后期**　采收盛期过后，此期管理应以维持长势为主，追肥应以氮、钾为主，并做到追肥与浇水结合。

**5. 采收**

定植后一般 40～50d 开始采收，开始（门椒、对椒）宜适当早摘，以免影响植株长势。采收时为了不损伤幼枝，最好是剪果柄离层处或慢摘。

# 二、日光温室秋冬茬辣椒栽培技术

**1. 品种选择**

品种选择应考虑辣椒商品市场流向和品种对日光温室的适应性，注意选择耐低温、弱光、抗病、丰产、结果率高的优良品种。

**2. 播种育苗**

**（1）播种期**　根据品种特性、育苗条件和当地气候条件适时播种，一般华北地区秋冬茬日光温室辣椒栽培一般在 7 月中旬至 8 月初播种。

**（2）亩用种量**　一般情况，每亩需 25～35g 种子。

**（3）育苗方式**　温室秋冬茬，育苗场地应选择地势高燥，排水良好的地块，并修建 1～1.65m 宽的高畦，四周挖好排水沟，畦面每隔 30～50cm，采用竹竿、钢丝、玻璃纤维杆等插 50～100cm 高的拱圆架，其上覆盖塑料膜，但不应将薄膜扣严。覆盖薄膜同时扣盖遮阳网，则效果更佳。搭棚时要注意覆盖物不宜过厚，一般以造成花荫凉为宜，覆盖物还应随着幼苗生长应逐渐撤去，否则幼苗易徒长，此外塑料拱棚也是夏季育苗的理想场所。

**（4）播种方法**

直接播种法：铺好床土，将覆盖在上面的培养土整平。播种前一天充分浇足底水（如果是下午播种，也可在上午浇水），播种时先将畦面耙松，随后将催好芽的种子撒播在畦面上。为播种均匀，可将催芽后的湿种子拌适量干细土后再进行播种。播种后要及时覆土一薄层（约 0.5 厘米厚）经消毒过的盖籽培养土，并用洒水壶喷上一层薄水，冲出来的种子再用培养土覆没。最后，在温度较高时应覆上遮阳网。

育苗盘（穴盘）播种法：播种前要先将拌好的微潮培养土装入育苗穴盘中，将基质刮平稍压出凹。在 72 穴育苗盘中多采用点播。播种后覆上一层 0.5cm 左右干蛭石并轻轻压紧。再用喷头浇透水即可。没有经过催芽的干种子也可以直接播种，只是出芽时间要晚 1～2d，芽势略低一些。

**（5）苗期管理**

出苗期的管理：管理上主要采取促的措施；即主要是控制合适的温度和湿度。在出苗过程中，还要防止幼苗"戴帽"。

破心期的管理：这段时间一般需 3～4d，此期内的管理关键是由促转为适当的控，保证秧苗稳健生长。应尽可能使幼苗多光，中午光照过强需用遮阳网遮阴。其次增加通风、降低湿度，防止猝倒等病害，因此在幼苗破心期一定要控制浇水，可使床土表面见干见湿。如果遇上连续阴雨天使床土湿度过大，可适当撒些干细土来降低湿度。若发生"猝倒病"及时用普里克、百菌清等杀真菌农药进行喷洒或灌根。及时间苗，以防幼苗拥挤和下胚轴伸长过快而成"高脚苗"。同时经常性的去除苗间和穴盘间的杂草。

旺盛生长期的管理：幼苗破心后，即进行旺盛生长期，一般有 25d 左右。尽可能增加光照，保证水分和养分供应。但每次浇水量不宜过多，以防床土湿度过大而导致病害发生。在此期间，如果幼苗出现缺肥症状，可结合浇水喷

2～3 次营养液。营养液可用氮、磷、钾含量各 15% 左右的专用复合肥配制，喷施浓度以 0.1%～0.2% 为宜；一般开始喷的浓度可偏低一些，第二三次的浓度可偏高一些。配制幼苗营养液时可采用以下配方：尿素 40g、过磷酸钙 65g、硫酸钾 125g、加水 100kg，整体浓度为 0.23%。在幼苗的中后期易发生立枯病为害，应及时防止。常选用的药剂有 75% 的百菌清可湿性粉剂 1 000 倍液。

### 3. 定植

一般在 8 月中下旬定植。每亩施腐熟有机肥 4 000～5 000kg，过磷酸钙 50kg，氯化钾 40kg，尿素 20kg。将肥料深翻入土，与土壤充分混合细耙耧平。可采用平畦覆膜栽培，畦面宽 60～65cm，畦沟宽 40cm，在畦面中间纵开一条深 10cm、宽 20cm 的沟供膜下暗灌肥水或进行膜下滴管。也常采用小高垄覆膜栽培，一般垄宽 70～75cm，沟宽 50cm，垄高 15cm，每垄定植两行，株距 40cm 左右，每穴单株定植。每亩栽苗 2 500～3 300 穴。定植可先开沟浇水后栽苗，即按行距开 10cm 深的浅沟，定植后浇大水，以利于缓根发苗。

### 4. 定植后的管理

**（1）温度管理**　定植后至缓苗前不通风或通小风，保持高温、高湿环境 7d 左右，以促进缓苗、发棵。缓苗后靠调节通风量来控制温度。随着辣椒进入结果期，外界温度开始下降，要加强保温工作。特别是北方寒冷地区从坐果后到采收阶段要尽可能地增温、保温和增加光照，如经常清扫棚膜，适当早放草苫和保温被，尽量增加草苫数量和厚度提高夜温。维持室内白天气温为25～30℃，夜间温度 10℃以上。

**（2）肥水管理**　缓苗后据土壤墒情，高垄栽培的可膜下浇小水 1～2 次，平畦栽培的轻浇一水，然后进行蹲苗。浇水选在晴天上午进行。缓苗期间用 0.4% 的磷酸二氢钾进行叶面喷肥，有利于发根，如果苗太弱喷施叶面肥效果较好。门椒坐果后，结合浇水进行第一次追肥，每亩可随水冲施复合肥 1 000kg左右或硝铵 15kg 及钾肥 8～10kg。以后每 10～15d 浇 1 次水，根据情况每隔 2～4 次水追一次肥，每次随水冲施磷酸二铵、尿素、硫酸钾等肥料，肥料应交替使用。

**（3）其他管理**　定植后至门椒开花前，要及时打去门椒位置下面的侧枝。采用双干或四干整枝吊样栽培方式。进入采收盛期后，枝条繁茂，行间通风透光性差，应尽早摘除向内伸长、长势较弱的"副枝"，中后期的徒长枝也应摘掉。

### 5. 采收

门椒要适当早摘，以免坠秧。在达到采收标准时要及时的采收，根据市场价格波动可适当早采。采收时要保留完整的果柄。动作要小心、慢走、轻摘，以防折断脆其他枝干。

# 第五章　辣椒大棚高效栽培技术

## 一、春大棚辣椒在栽培技术

### 1. 品种选择

根据栽培地区的地理环境、气候条件和市场需求等，选择优质、丰产、抗病、株型紧凑、适于密植的中早熟辣椒品种。

### 2. 播种育苗

**（1）播种期**　辣椒春大棚栽培一般利用温室育苗，播种期应根据当地辣椒定植期向前推加苗龄来确定。播种期华北地区在 1 月中下旬左右育苗，定植期是 3 月底至 4 月初，苗龄 70～80d。

**（2）亩用种量**　生产实践中，播种量应具体根据种子质量、气候条件、播种方式、病虫害发生情况、育苗方式、土壤条件等来酌量增加，从而保证一定产量的获得。一般情况，每亩需 25～35g 种子。

**（3）种子处理**　播种前可将种子摊在簸箕内晒 1～2d。但注意不要将种子摊放在水泥地等升温较快的地方暴晒，以免烫伤种子。先将种子放在常温水中浸 15min，后转入 55～60℃的温汤热水中，用水量为种子量的 5 倍左右。期间要不断搅动以使种子受热均匀，使水温维持在 55～60℃范围内 10～15min，以起到杀菌作用。之后降低水温至 28～30℃或将种子转入 28～30℃的温水中，继续浸泡 8～12h。

**（4）育苗方式**

温床育苗：温床育苗方式主要包括电热温床、酿热温床、火热温床和水热温床四种。目前华北冬春季辣椒育苗大多采用电热线加热温床。电热温床加热快、床温可按需要进行人工调节或自动调节，而不会受气候条件的影响太大。

温室育苗：温室按加温方式可分为加温温室和日光温室。目前生产上较多采用塑料薄膜日光温室，主要由土墙或砖墙、塑料薄膜和钢筋或竹木骨架构成，也可添加加温设备。

**（5）培养土的配制**　由肥沃的园土、充分腐熟的堆厩肥或粪肥、蛭石、草炭、珍珠岩等按一定比例配制而成。选用园土时，应选用 1～2 年内未种过茄科蔬菜、瓜类蔬菜等的土壤。园土宜在 8 月高温时掘取，经充分烤晒后，打碎、过筛，再贮存于室内或用薄膜覆盖，保持干燥状态备用。施入培养土的有机肥料必须是充分腐熟的。工厂化穴盘育苗一般采用草炭：蛭石按体积比3∶1混合配制。

**（6）播种方法**

直接播种法：铺好床土，将覆盖在上面的培养土整平。播种前一天充分浇足底水（如果是下午播种，也可在上午浇水），播种时先将畦面耙松，随后将催好芽的种子撒播在畦面上。为播种均匀，可将催芽后的湿种子拌适量干细土后再进行播种。播种后要及时覆土一薄层（约0.5cm厚）经消毒过的盖籽培养土，并用洒水壶喷上一层薄水，冲出来的种子再用培养土覆没。最后，在温度较高时应覆上遮阳网。

育苗盘（穴盘）播种法：播种前要先将拌好的微潮培养土装入育苗穴盘中，将基质刮平稍压出凹。在72穴育苗盘中多采用点播。播种后覆上一层0.5cm左右干蛭石并轻轻压紧。再用喷头浇透水即可。没有经过催芽的干种子也可以直接播种，只是出芽时间要晚1～2d，芽势略低一些。

**（7）苗期管理**

出苗期的管理：管理上主要采取促的措施；即主要是控制较高的湿度和较高的温度。在出苗过程中，还要防止幼苗"戴帽"，如果发现小苗"戴帽"的较多，可喷适量水或撒些湿润的细土。如果"戴帽"现象不多，可以采取人工挑开的办法。

破心期的管理：这一时间一般需3～4d，此期内的管理关键是由促转为适当的控，保证秧苗稳健生长。应尽可能使幼苗多光。其次是降低湿度，防止猝倒现象或诱发病害，因此在幼苗破心期一定要控制浇水，可使床土表面见干见湿。如果遇上连续阴天使床土湿度过大，可适当撒些干细土来降低湿度。及时间苗，以防幼苗拥挤和下胚轴伸长过快而成"高脚苗"。

旺盛生长期的管理：幼苗破心后，即进行旺盛生长期，尽可能增加光照，保证水分和养分供应。但每次浇水量不宜过多，以防床土湿度过大而导致病害发生。在此期间，如果幼苗出现缺肥症状，可结合浇水喷2～3次营养液。营养液可用氮、磷、钾含量各15％左右的专用复合肥配制，喷施浓度以0.1％～0.2％为宜；一般开始喷的浓度可偏低一些，第二三次的浓度可偏高一些。配制幼苗营养液时可采用以下配方：尿素40g、过磷酸钙65g、硫酸钾125g、加水100kg，整体浓度为0.23％。在幼苗的中后期易发生立枯病为害，应及时防止。常选用的药剂有75％的百菌清可湿性粉剂1 000倍液。

炼苗期的管理：为了提高幼苗对定植后环境的适应能力，缩短定植后的缓苗时间，在定植前6～10d应进行秧苗锻炼。主要措施有：停止苗床加温、控制肥水和揭掉覆盖物降温、通风。

### 3. 嫁接育苗

由于连作增多，特别是设施栽培中连作障碍已成为制约辣椒生产可持续发展的主要问题。连作较多会使疫病、根腐病、根结线虫病等土传病虫害发生严重，病害流行时，秧苗会成片死亡，严重威胁了辣椒生产。解决该问题最经济有效的办法就是嫁接栽培和品种改良。

**（1）品种选择**　砧木可选用集抗病毒病、青枯病、根腐病、疫病和抗线虫为一体的辣椒砧木。比如"格拉夫特"。辣椒接穗品种可据生产需要选择优良甜椒、彩椒及牛角型辣椒等高附加值品种。

**（2）培育壮苗**　为达到适宜嫁接苗龄，砧木的播期要比接穗适当早播10～20d，两者都进行浸种催芽，或砧木和接穗同时播种，对砧木进行浸种催芽，而接穗只浸种不催芽。其他培育壮苗措施同前所述。

**（3）嫁接**　当砧木长到5～7片真叶、接穗长到4～6片真叶时即可嫁接。嫁接前一天下午，每15kg水加青霉素、链霉素80万单位各1支混匀后，喷洒甜辣椒苗，进行杀菌处理。嫁接方式可采用劈接法，即将砧木苗从根部保留2片真叶，用刀片横切砧木茎，去掉上部，再于茎中间劈开，向下纵切入1cm深的切口。将接穗从顶部留保留2～3片真叶处横切断，去掉下端，并将断茎削成楔形，然后将接穗插入到砧木切口中，使它们的切面相吻合，再用嫁接钳夹牢即可。也可采用贴接法，砧木苗和接穗都以约30～40°角度斜切断，砧木下部分切面和接穗上部分切面用嫁接钳夹牢即可。

**（4）嫁接后的管理**　嫁接后，立即将嫁接苗移入小拱棚内，充分浇水后将棚封闭。前3d，需在小拱棚外面覆盖草帘等保温遮光，保持棚内高温高湿状态，白天保持28～30℃，夜间18～20℃，土温25℃左右，要求空气相对湿度达到90%左右。3d后逐渐降低温度，早晚要逐渐增加光照时间，温度高时可采用遮光和换气相结合的办法加以调节，白天掌握25～27℃，夜间17～20℃。6d后，逐渐撤掉覆盖物，开始通小风，随着嫁接伤口的愈合，通风逐渐扩大。约8d后嫁接苗完全成活，可去掉小拱棚转入正常管理。

**（5）定植**　嫁接后30d左右即可定植。定植前深翻地施足基肥，整地定植。定植时一定要注意覆土不可超过接口，否则接穗苗长出不定根，就失去了嫁接防病作用。

**（6）嫁接苗定植后管理**　定植后的管理与辣椒常规栽培方式基本相同，主要区别在于栽培嫁接辣椒苗不宜蹲苗，应以促为主，定植时浇透底水，定植后前三天中午要进行遮阴以防萎蔫，定植4～5d后要浇透一次水使其缓苗。之后转入辣椒栽培正常管理。

### 4. 定植

**（1）整地做畦**　结合整地亩施腐熟的优质有机肥4 000kg，过磷酸钙

30kg，并深翻 30cm 以上，然后耙平做垄。采用高垄栽培可有效预防疫病，一般垄高 15～25cm，垄面宽 65～70cm，垄沟宽 25～30cm，定植前覆盖地膜和采用膜下滴管。

**（2）定植**　定植前 10～15d，逐步进行低温炼苗。夜温可降至 10～12℃。定植前半个月，扣好塑料大棚，棚四周用土压实，以提高地温。选择晴天上午定植辣椒苗。株距 36～40cm，每亩密度为 2 800～3 500 株。定植后及时浇足底水。

**5. 定植后的管理**

**（1）环境调控**　定植后一周内密闭大棚，促使发根缓苗。缓苗后逐渐通风，调节棚内温度。开始时可在大棚两端拦一个 1.5m 左右高的挡风墙，防止"扫地风"直接吹入棚内。保持棚内气温白天为 28～30℃，夜间 15℃以上。随着天气转暖，当夜晚棚外高于 15℃时，昼夜都要注意小通风。

**（2）肥水管理**　定植后，在辣椒封垄前要进行一次施肥浇水。每亩沟施复合肥 20kg 和尿素 15kg。门椒收获后，第二三层果实的膨大生长需要大量肥料，一般随田亩施硫酸铵或尿素 15～20kg，加硫酸钾 15～20kg。以后每隔 2～4 水追一次肥，盛果期一般随水追肥 2～3 次。

**（3）中耕、除草**　定植以后，随天气转暖，田间杂草繁生，这是辣椒主要害虫蚜虫寄生的主要场所。及时地进行中耕、除草，既可消灭蚜虫，又可增加土壤通气性。

**（4）其他管理**　及时抹掉门椒以下侧枝和侧芽。为了防止倒伏，座果前及时搭架或吊样。吊样栽培采用双干或四干整枝。

**6. 采收**

适时提早采收门椒，以免影响早期产量。以绿果为主要产品的辣椒，必须及时采收。一般在果实充分膨大，皮色转浓，果皮坚实而有光泽时采收，甜辣椒品质较好。

# 二、秋延后大棚辣椒栽培技术

秋季种植辣椒，可避开高温季节、减轻病害，而且后期气温不太高，有利于辣椒生长，商品果可在秋末至冬季供应市场，经济效益可观。

**1. 品种选择**

秋延后大棚栽培宜选择耐热及耐低温弱光、抗病（特别是抗病毒病）、丰产性好的中早熟或中熟品种。

**2. 播种育苗**

**（1）播种期**　适时播种，秋延后辣椒播种期应掌握在 7 月 10～20 日，过早播种植株易感染病毒病，过晚播种植株坐果少、产量低。每亩用种量为 120～

150g，播前要浇透底水，再把催过芽的种子均匀撒在苗床上，上面再撒1cm厚的营养土和药土。播种后苗床上面要盖稻草保湿，再搭小弓棚盖草苫子遮阴降温。下雨时及时加盖薄膜挡雨，以免引起倒苗和徒长，雨后立即将薄膜揭掉。

**（2）亩用种量**　一般每亩需35～50g种子。

**（3）苗期管理**　在播后苗前，白天将温度控制在30～32℃的高温，夜间将温度控制在18～20℃；出苗后白天将温度控制在25～30℃，夜间将温度控制在16～17℃。定植前10d进行炼苗，白天将温度控制在25℃左右，夜间将温度控制在10～12℃。底水浇透后苗期一般不再浇水，以防幼苗徒长。如果幼苗徒长，可以用矮壮素或助壮素进行处理。子叶展开到出现真叶时应间苗，把拥挤在一起的弱苗、病苗、畸形苗拔除。

**3. 定植**

一般7月中旬定植，由于该期气温较高，辣椒出苗快、发育早，大约35d便可定植。定植前结合整地施底肥，一般每亩施腐熟基肥3 000kg左右、复合肥40～50kg，做高垄双行栽培，行距50～60cm，株距35～40cm，每亩栽苗3 000～4 000株。选阴天或晴天下午定植，定植时多带土坨，栽后浇足定植水。有条件的前期棚膜顶部覆盖25%遮阳网，以避免高温和暴晒。为了保证辣椒生育后期的地温，可采用地膜覆盖栽培。

**4. 定植后管理**

**（1）温湿度管理**　定植后前期应设法降温保湿，随着气温的下降。日均气温为15℃时，应及时扣严周边棚膜，以保证植株秋季的正常生长。

**（2）水分管理**　定植约一周后，浇一次缓苗水，之后适当蹲苗。以后的浇水以保持土壤湿润为标准。浇水应选在晴天上午，以避免低温高湿，易诱发各种病害。随气温逐步下降，逐渐减少浇水次数。

**（3）施肥管理**　由于辣椒生长前期气温较高，故氮肥的施用不能过多，避免植株徒长。在前期可进行2～3次叶面追肥。营养生长期间可用追施复合肥1～2次。采收门椒后应及时追肥。盛果期看苗追肥，亩用复合肥20kg，对促进辣椒早上市、抗病与丰产效果显著。

**（4）病虫害防治**　这一时期，容易产生的病害有辣椒枯萎病、病毒病；虫害主要是蚜虫、蓟马和红蜘蛛。如何防治见本章第五部分。

**5. 采收**

视植株生长情况采收门椒和对椒。若植株生长过旺，适当晚摘以控制植株长势，反之，则应提前采收，以促进植株生长。但该茬辣椒生长时间有限，一般到12月初前气温陡降容易出现冻害，另外可按市场需求灵活调整，因为果实上市推迟几天价格回升明显，后期果实应尽量延期上市，可用植株挂果保鲜法，甚至用储藏保鲜法来达到提高秋延后辣椒栽培的经济效益。

# 第六章　辣椒无公害病虫防治

在辣椒的生产过程中，病虫害发生较为频繁，对辣椒产量、产品质量以及直接带来的经济效益等影响较大。如何科学防治病虫害，已成为辣椒无公害生产的关键技术之一。无公害病虫害防治对提高辣椒产品质量，促进辣椒食品工业发展，保护生态环境，增进人民身体健康，都具有现实意义。辣椒的主要病害有20多种，其中危害严重的有病毒病、疫病、青枯病、疮痂病、炭疽病、灰霉病等。它们有三个共同的特点：一是发生频率高，发生范围广；二是发展迅速，应急防治难；三是易爆发成灾，危害损失大。辣椒常见的虫害主要有蚜虫、烟青虫、斜纹夜蛾、蓟马、茶黄螨等。

"预防为主，综合防治"是无公害辣椒病虫害防治的基本原则。要以整个菜田生态系统为中心，净化菜园环境，并围绕辣椒生长发育规律，摸索健身控害栽培条件下主要病虫发生及防治的特殊性，探讨以生态调控为基础的多层次预防措施和多种生态调控手段。在加强选择优质抗病品种、实行轮作、深耕烤土、施腐熟粪肥等农业防治措施的前提下，根据田间病虫发生动态和危害程度，以物理防治和生物防治为主，化学防治为辅。科学合理地选用高效、低毒、低残留及对天敌杀伤力小的化学农药，并合理控制农药的安全间隔期，结合辣椒生产过程中的各个环节，进行有的放矢的综合防治。在此基础上所建立的无公害辣椒病虫害综合治理技术体系，既能经济有效地把病虫危害损失控制在最低水平，又能使生产的辣椒不含或少含危害人体健康的有害物质，保证其食用安全性。

## 一、辣椒病害的防治

### 1. 辣椒猝倒病

（1）**危害症状**　猝倒病是辣椒苗期较易发生的病害。染病初期，茎下部靠近地面处出现水渍状病斑，很快变为黄褐色，茎基部缢缩变细线状，幼苗倒伏。倒伏的幼苗短期内仍为绿色，湿度大时病株附近长出白色棉絮状菌丝。该病菌侵染果实可导致棉腐病。

（2）**发病规律**　猝倒病是由瓜果腐霉菌侵染引起的真菌性病害。病菌生长的适宜地温是16℃，温度高于30℃受到抑制。苗期出现低温、高湿时易发病。猝倒病菌可在土壤中或病残体上进行腐生存活多年，可通过流水、农具和带菌肥料传播。辣椒子叶期最易发病。苗床最易积水或棚顶滴水处，常最先发病。三片真叶后发病较少。

**（3）防治措施**

①加强苗期温湿度管理。改善和改进育苗条件和方法，加强苗期温湿度管理。育苗应选择排水良好的地作苗床，施入的有机肥要充分腐熟。可采用营养钵育苗、基质育苗，防止猝倒病的发生和蔓延。育苗期间创造良好的生长条件，增强幼苗的抵抗力。出苗后尽可能少浇水，在连阴天也要注意揭去塑料覆盖，在温度保证的情况下，坚持适时通风透气。

②床土消毒。最好选择无病的新土作为床土；旧土可用甲霜灵、代森锰锌、多菌灵等消毒；药剂消毒可在浇底水后喷灌到育苗畦或育苗钵中，或与细土掺匀，撒在苗床上，播种后也可用药土覆盖。

③药剂防治。苗床未发病前应用多菌清、百菌清等药剂进行预防。发病初期可喷洒 25％甲霜灵 800 倍液、72％普利克 400 倍液、64％杀毒矾 500 倍液、25％瑞菌铜 1 200 倍液等药剂。尽快清除病苗，甚至病株周围的病土，烧毁病株。

**2. 辣椒立枯病**

**（1）发病规律**　辣椒立枯病是辣椒育苗前期引起死苗的主要病害。多在辣椒子叶期发生，受害幼苗基部产生暗褐色病斑，长形至椭圆形，明显凹陷，病斑横向扩展绕茎一周后，病部出现缢缩，根部逐渐收缩干枯。开始病苗白天出现萎蔫，晚上至翌晨能恢复正常。随着病情的发展，萎蔫不能恢复正常，并继续失水，直至枯死。苗床湿度大，病害发展迅速，可使幼苗大量死亡。

**（2）防治措施**

①选用抗、耐病的优良品种。选用抗逆性强、抗耐病害、高产优质的优良辣椒品种，是无公害辣椒病虫害防治的重要措施。

②清洁田园。辣椒收获后和种植前彻底清理田间遗留的病残体及杂草，集中烧毁或深埋，减少病菌及害虫基数，减轻病虫害的传播蔓延。

③合理轮作。菜田与禾本科作物实行 2～3 年轮作或与抗病性较强的葱蒜轮作。病虫害发生重的菜田实行水旱轮作或播种前深翻灌水 10～15cm，保持 15d 以上，可有效杀死土壤中的害虫和减少病菌。

④培育无病壮苗。种子处理。用 55℃温水浸种 10～15min，注意要不停搅拌，当水温降到 30℃时停止搅拌，再浸种 4h，可预防真菌病害，用 10％磷酸三钠溶液常温下浸种 20min，捞出后清水洗净浸种催芽可预防病毒病，用 50％多菌灵可湿性粉剂 500 倍液浸种 2h，也可用 50％多菌灵可湿性粉剂或 50％福美双可湿性粉剂用种子量的 0.4％拌种，或 25％甲双灵可湿性粉剂用种子量的 0.3％拌种，预防真菌性病害。适时播种，培育壮苗。控制苗床温湿度，白天

温度不超过 30℃，夜间不低于 15℃，注意苗床通风降湿，及时分苗，发现病株，立即拔除，带出苗床深埋，并处理病穴。

⑤实行科学的田间管理。保护地内采用高畦栽培，并覆盖地膜，应用微滴灌或膜下暗灌技术。保护地设施采用无滴膜，加强棚室内温湿度调控，适时通风，适当控制浇水，避免阴雨天浇水，浇水后及时排湿，尽量防止叶面结露，以控制病害发生。

及时整枝、抹杈，及时摘除病叶、病花、病果，摘除下部失去功能的老叶，改善通风透光条件，拉秧后及时清除病残体，并注意农事操作卫生，防止染病。

设施内晴天上午适当晚放风，使棚室温度迅速提高，温度升到 30℃时，再开始放风，当温度降到 20℃时，关闭通风口，延缓温度下降；夜间最低温度保持在 12～15℃。

合理密植，增施有机肥，配方施肥，科学灌水，中耕除草，促进植株健壮生长，增加植株抗病性。

⑥药剂防治。苗床未发病前应用多菌灵、百菌清等药剂进行预防。发病初期可喷洒 25％甲霜灵 800 倍液、72％普利克 400 倍液、64％杀毒矾 500 倍液、25％瑞毒铜 1 200 倍液等药剂。尽快清除病苗，甚至病株周围的病土，烧毁病株。

**3. 辣椒枯萎病**

**（1）危害症状**　危害辣椒的枯萎病是辣椒镰孢菌。枯萎病是一种维管束病害，一般从花果期表现症状至枯死历时 15～30d。发病初期，病茎下部皮层呈水浸状、变褐色，叶片自下而上逐渐变黄，一般不易脱落。有时，发病枝叶仅在植株一侧，另一侧正常。在病茎部纵剖可见维管束变褐色。病部在高湿时产生粉红色霉状物，或产生白色、蓝绿色霉状物。

**（2）发病规律**　枯萎病病原菌可以在土壤中越冬，也可以附着在种子上越冬。病菌从茎基部或根部的伤口、自然裂口、根毛侵入，进入维管束，并在维管束内繁殖，堵塞维管束的导管（水分输送通道），同时产生毒素，使叶片枯萎。病菌生长适宜温度为 24～28℃，地温 15℃以上开始发病，升至 28℃时，遇到高湿天气，病害容易流行。连作地、排水不良、使用未腐熟有机肥、偏施氮肥的地块发病重。

**（3）防治措施**

①避免连作。可与非茄果类、瓜类、豆类等作物轮作 3～4 年；采用深沟高畦、地膜覆盖栽培；下雨前停止浇水，雨后及时排干积水；及时拔除病株。

②种子与苗床消毒。种子用 50％多菌灵可湿性粉剂 500 倍浸种 1h，洗净后催芽或晾干后播种。苗床可用 50％多菌灵可湿性粉剂，每平方米苗床用药

10g，拌细土撒施。育苗用的营养土在堆制时用 100 倍的福尔马林喷淋，并密封堆放，营养土使用前可用 97% 的恶霉灵 3 000～4 000 倍喷淋。

③药剂防治。在发病前即应用药，至少在有中心病株后应立即用药。防治枯萎病应采用浇根法，每 7～10d 浇一次，连续 3～4 次，每次每株用药 0.3～0.4kg。常用药剂有：50% 多菌灵可湿性粉剂 800 倍液＋15% 三唑酮（粉锈宁）可湿性粉剂 1 500 倍液、50% 琥胶肥铜（天 T）可湿性粉剂 400 倍液、40% 抗枯宁（抗枯灵）800～1 000 倍液、47% 加瑞农可湿性粉剂 600～800 倍液、97% 恶霉灵 4 000～5 000 倍液。

**4. 辣椒病毒病**

辣椒病毒病主要是由 TMV 和 CMV 引起的传染病，主要危害叶片和枝条，5 月中下旬开始发生，6～7 月盛发，症状有花叶型、丛簇型和条斑型三种，其中以花叶病毒病发生最为普遍。

**（1）危害症状**

①花叶型。轻度花叶开始表现为明脉和轻微褪色，继而出现浓绿或淡绿相同的斑驳、皱缩，的花叶，严重时顶叶变小，叶脉变色，扭曲畸形，植株矮小。

②丛簇型。心叶叶脉褪绿，病叶加厚，产生黄绿相间的斑驳或大型黄褐色坏死斑，叶子边向上卷曲，幼叶狭窄或成线状，植株上部明显矮化呈丛簇状。

③条斑型。叶片主脉呈褐色或黑色坏死，沿叶柄扩展到侧枝、主茎及生长点，出现系统坏死条斑，造成落叶、落花、落果，严重时整株枯死。高温干旱、蚜虫发生严重、缺水、缺肥、涝灾等都有利于该病的发生。

**（2）发病规律**　病毒可在其他寄主作物或病残体及种子上越冬。第二年病毒主要通过蚜虫和农事操作传播，侵入辣椒。在田间作业中如整枝、摘叶、摘果等人为造成的汁液接触都可传播，病毒经过茎、枝、叶的表层伤口浸染。在气温 20℃ 以上，高温干旱，蚜虫多，重茬地，定植偏晚等情况下发病重。施用过量氮肥，植株组织柔嫩，较易感病，凡在有利于蚜虫生长繁殖的条件下病毒病较重。

**（3）防治措施**

①种子用 10% 磷酸三钠或 9% 高锰酸钾溶液浸种 30min，再用清水洗净后播种。

②塑料大棚栽培有利早栽早熟，病毒病盛发期辣椒已花果满枝，可避免危害。

③高温干旱时利用遮阳网、防虫网、化纤网等设施育苗栽培，减少蚜虫及高温危害。

④可与高秆作物套种，如每厢辣椒可套种一行玉米，利用玉米阻挡蚜虫迁

入传毒。

⑤苗期施用"丰农"艾格里微生物肥，增强光合作用和抗病能力。

⑥农事操作中要注意防止人为传毒，在进行整枝、打杈、摘果等操作中，手和工具要用肥皂水冲洗，以防伤口感染。

⑦防治蚜虫：发病前抓好早期治蚜工作，以防蚜虫传播病毒。防治蚜虫的药剂有：50％抗蚜威（辟蚜雾）可湿性粉剂 2 500 倍液，10％吡虫啉可湿性粉剂 5 000 倍液，20％灭蚜松可湿性粉剂 1 000 倍液，40％克蚜星乳剂 800 倍液，20％氯戊菊醋乳油 3 000 倍液。另外，人工铺挂银灰色膜避蚜或利用蚜虫有趋黄色习性进行黄色诱板诱杀，也能起到灭蚜防病效果。

⑧药剂防治技术：分苗定植前喷 0.1％～0.3％硫酸锌溶液预防，在发病初期可选用下列药剂：20％病毒 A 可湿性粉剂 500 倍液、病毒净或病毒灵 500 倍液、1.5％植病灵乳剂 1 000 倍液、NS－83 增抗剂 100 倍液、抗毒剂 1 号 400 倍液、0.5％抗毒丰水剂 300 倍液、20％病毒速杀可湿性粉剂 500 倍液。每隔 10d 喷施一次，连续喷施 3～4 次。

**5. 辣椒根腐病**

**（1）危害症状**　根腐病主要发病部位仅局限于辣椒根茎及根部，该病一般在成株期发生。初发病时，枝叶萎蔫，渐呈青枯，白天萎蔫，早、晚恢复正常，反复多日后枯死，但叶片不脱落。根茎部及根部皮层呈水渍状、褐腐，维管束虽变褐，但不向茎上部延伸。根很容易拔起，仅剩少数粗根。

**（2）发病规律**　病菌以后垣孢子、菌丝体或菌核随病残体在土壤中越冬。翌年初侵染由越冬病菌借助雨水等传播，从根茎部、根部伤口侵入。在侵染由病部产生的分生孢子借助雨水传播蔓延。在高温高湿气候条件下容易发生，尤其连续降雨数日后病害症状明显增多。连作地、排水不良地块发病严重。

**（3）防治措施**

①农业防治。与十字花科或葱蒜类等蔬菜轮作 3 年以上；采用深沟高畦栽培；施用充分腐熟的有机肥；及时清沟排水、清除病残体。种子及苗床消毒。种子用 50％多菌灵可湿性粉剂 500 倍液浸种 1h，洗净后催芽或晾干后播种。苗床可用 50％多菌灵可湿性粉剂，每平方米苗床用药 10g，拌细土撒施。育苗用的营养土在堆制时用 100 倍的福尔马林，并密封堆放，营养土使用前可用 97％的恶霉灵 3 000～4 000 倍液喷淋。

②药剂防治。在发病前即应用药，至少应在有中心病株后用药。防治根腐病应采用浇根法，每 7～10d 浇一次，连续 3～4 次，每次每株用药 0.3～0.4kg。常用药剂有：50％多菌灵可湿性粉剂 800 倍液＋15％三唑酮（粉锈宁）可湿性粉剂 1 500 倍液、50％琥胶肥酸铜（天 T）可湿性粉剂 400 倍液、40％抗枯宁（抗枯灵）800～1 000 倍液、47％加瑞农可湿性粉剂 600～800 倍

液、97％恶霉灵 4 000～5 000 倍液。

**6. 辣椒疫病**

辣椒疫病是辣椒生产的主要病害，其发病周期短、流行速度快，从出现中心病株到全田发病仅 7～10d，易造成毁灭性打击。单一的化学防治难以取得良好的防治效果，同时也不易生产出合乎大众需求的无公害辣椒产品。

**（1）危害症状**　辣椒苗期、成株期均可受疫病危害，茎、叶和果实都能发病。疫病在椒田中有明显的发病中心，发病中心多形成在低洼积水和土壤黏重地带。发病初期病部呈水渍状软腐，植株表现为白天叶片萎蔫，夜间恢复。幼苗期受害，茎基部变褐软腐并缢缩，最后倒伏。成株期发病先在辣椒的分叉处出现暗绿色病斑，并向上下或绕茎一周迅速扩展，变成暗绿色至黑褐色，若一侧发病，则发病一侧枝叶萎蔫，若病斑绕茎基一周发病，则全株叶片自下而上萎蔫脱落，最后病斑以上枝条枯死。成株叶片染病，病斑圆形或近圆形，直径 2～3cm，边缘黄绿色，中央暗褐色；果实染病始于蒂部，初生暗绿色水浸状斑，迅速变褐软腐，湿度大时，受害处均可长出白色霉层，干燥后形成暗褐色僵果残留在枝上。秋冬辣椒以幼苗和成株挂果后发病最为严重。大棚栽培的辣椒在初夏发病多，首先危害茎基部，症状表现在茎的各部，其中以分叉处变为黑褐色或黑色最常见，如被害茎木质化前染病，病部明显缢缩，造成地上部折倒，且主要危害成株，植株急速凋萎枯死，成为辣椒生产上的毁灭性病害。

**（2）发病规律**　辣椒疫病是鞭毛菌亚门疫霉属病原真菌所引起的土传病害。病菌主要以卵孢子及厚垣孢子在病残体上或土壤及种子上越冬，第二年侵入寄主，其中以土壤残体带菌率最高，卵孢子是初次侵染的主要来源。越冬后气温升高，卵孢子随降雨的水滴、灌溉水、带病菌土侵入辣椒幼根或根茎部，并在寄主上产生孢子，孢子借风雨传播，进行再侵染，致使病害流行。平均气温 22～28℃，田间湿度高于 85％时发病率高，病情发展快。重茬连作，低洼积水，土壤黏重、排灌不畅的田块发病加重。降雨次数多，降水量大，大雨过后天气突然转晴，气温急剧上升时，或炎热天气灌水会引起疫病迅速蔓延。一般情况下，一株植株从发病到枯死仅 3～5d，果实从产生病斑到腐烂仅 2～3d。

**（3）防治措施**

①选用优良抗病品种：可选用产量高、市场需求量大的中蔬牌中椒系列和京研牌系列辣椒品种等，可有效减少农药的使用次数。

②严格实行轮作倒茬：避免与瓜、茄果类蔬菜连作，最好能与叶菜和葱蒜类、十字花科蔬菜、玉米、根菜类作物轮作 3 年以上，以减少土壤传播病菌。

③深耕晒白，清洁田园：前作收获后，及时清除田间残枝败叶及周围杂草，集中烧毁或深埋。进行深耕晒堡，既可疏松土壤，又可减少病源。提倡垄作或选择坡地种植。

④种子处理：种子先用清水预浸 10h，再用 1％硫酸铜溶液浸种 5～10min 或 1％福尔马林液浸种 30min，也可用 20％甲基立枯磷乳油 1 000 倍液浸种 12h，药液以浸没种子 5～10cm 为宜，捞出水洗后催芽播种。

⑤苗床土消毒：苗床取 3 年未种过茄科作物的肥沃园田土与优质腐熟农家肥按 3∶1 配制成营养土，每平方米苗床用 50％多菌灵可湿性粉剂或 25％瑞毒霉可湿性粉剂或 75％百菌清可湿性粉剂 10g 与细土混匀，2/3 掺入营养土，1/3用于掺入覆土播后盖种，或播种后浇水时用 800 倍液敌克松液浇透畦面，可使苗期防病达到良好效果。

⑥培育无病壮苗：采用小拱棚或大棚育苗，苗床期在保持温度的前提下，控制湿度是关键。相对湿度白天不高于 70％，夜晚不高于 80％，湿度大时要适当通风排湿，防止幼苗徒长。苗床若发现病株应及时拔除，确保培育出无病壮苗。

⑦合理密植，加强肥水管理：水是疫病传播的动力，浇水以不接触根部最佳，切忌水漫垄面和白天浇水。进入高温雨季，尤其要注意暴雨后及时排除积水，控制浇水，严防田间或棚内湿度过高。

⑧安全合理使用农药：辣椒疫病的防治应本着"上喷下灌"的原则，用药强调保护作用，控制中心病区，防止疫病流行。

种子药剂处理：用 10％福尔马林液浸种 30min，药液以浸过种子 5～10cm 为宜，捞出种子进行漂洗、催芽、播种。

苗床药剂处理：用绿亨一号 3 000～4 000 倍液在播种前苗床淋施，移栽前重复用药一次，每平方米用 1g 绿亨一号。

发病药剂处理：栽植后喷雾和灌根。零星发病期，采取控制与封锁相结合的施药技术，重点控制初侵染。可以及时拔除少数萎蔫株，并用石灰处理土壤，或者用 58％甲霜灵·锰锌可湿性粉剂 500 倍液、40％乙膦铝可湿性粉剂 500 倍液、25％甲霜灵 500 倍液、72.2％普力克水液 600 倍液、50％甲霜铜可湿性粉剂 800 倍液、69％安克锰锌可湿性粉剂喷洒发病中心的植株下部或灌根及其周围地表，形成药膜，阻止和杀死随苗出土的病菌。用药后 7d 用达克宁（75％百菌清）600 倍液全田喷雾，保护未发病植株，巩固内吸剂的防治效果。保护剂和内吸剂交叉使用，可提高药效。

病害发生期，主要控制再侵染，在浇水前或雨后隔天用 50％瑞毒铜 1 000 倍液或用绿乳铜 800～1 000 倍液均匀喷雾叶面，也可用 37.5％百菌王或 34％万霉灵可湿性粉剂 600～900 倍液喷雾，或用 70％甲基托布津＋58％甲霜灵锰锌或 64％杀毒矾可湿性粉剂喷施，特别注意喷施茎基部，隔 7～10d 喷一次。

**7. 辣椒白绢病**

**（1）危害症状**　白绢病害发生于辣椒茎基部和根部。初呈水渍状褐色斑，后扩展绕茎一周，生出白色绢状菌丝体，集结成束向上呈辐射状延伸，顶端整齐，病健部分界明显，病部以上叶片迅速萎蔫，叶色变黄，最后根茎部褐腐，全株枯死。后期在根茎部生出白色，后变茶褐色菜籽状小菌核，高湿时病根部产生稀疏白色菌丝体，扩展但根际土表，也产生褐色小菌核。

**（2）发病规律**　病菌以菌核或菌丝体随病残体在土壤中越冬，或菌核混在种子中越冬。翌年初侵染由越冬病菌长出菌丝从根茎部直接侵入或从伤口侵入。再侵染由发病根茎部山声的菌丝蔓延至邻近植株，也可借助雨水、农事操作传播蔓延。病菌生长温度 8～40℃，适温 28～32℃；相对湿度最佳为100％；对酸碱度的适应范围广，为 pH 1.9～8.4，最适 pH 为 5.9。6～7 月间高温多雨天气，时晴时雨，发病严重；气温降低，发病减少。酸性土壤、连作地、种植密度过高，则发病重。

**（3）防治措施**

①农业防治。与十字花科或禾本科作物轮作 3～4 年，或与水生作物轮作一年；定植前深翻土壤，并施生石灰，每亩用量 100～150kg，翻入土中；使用充分腐熟的有机肥，适当追施硝酸铵；及时拔除病株，集中深埋或烧毁，并在病株穴内撒生石灰。

②药剂防治。在发病初期用药。可选用 25％粉锈宁可湿性粉剂拌细土（1∶200）撒施于茎基部，或 25％粉锈宁可湿性粉剂 2 000 倍液灌根，或 20％利克菌（甲基力枯磷）乳油 1 000 倍液喷雾或灌根。

**8. 辣椒疮痂病**

辣椒疮痂病又名细菌性斑点病，属于细菌性病害，从苗期至成株期都可发病，造成大量落叶、落花、落果，甚至全株毁灭，对辣椒产量和品质影响很大。

**（1）危害症状**　叶上初呈水浸状黄绿色小斑点，后为不规则形，边缘隆起暗褐色，中间凹下淡褐色，表面粗糙，形成疮痂状的小黑点，叶缘、叶尖变黄，干枯脱落。幼苗发病后叶片产生银白色水浸状小斑点，后变为暗色凹陷的病斑，可引起全株落叶。成株期叶片染病之初稍隆起的小斑点，呈圆形或不规则形，边缘暗褐色稍隆起，中央颜色较淡略凹陷，病斑表面粗糙，常有几个病斑连在一起形成大病斑。如果病斑沿叶脉发生常造成叶片畸形。茎部受害，首先出现水浸状不规则的条斑，扩展后互相连接，暗褐色，为木栓化隆起，呈纵裂疮痂状。果上病斑初起小黑点，后变为直径 1～3mm 稍隆起的圆形或长圆形黑色的疮痂状病斑，病斑边缘有裂口。潮湿时疮痂中间有菌液溢出。

**（2）发病规律**　辣椒疮痂病是一种细菌性病害。病菌依附在种子表面越冬，成为初次侵染来源，也可以随病残体在田间越冬。病菌在土壤中可存活一年以上。病菌随病残体在土壤中或附着在种子上越冬，第二年条件适宜时靠雨水、灌溉水、风、昆虫及农事操作等传到植株上，从气孔、伤口侵入危害。病菌靠带病种子远距离传播。高温高湿是病害发生的主要条件。病菌发育的适宜温度为27～30℃。相对湿度大于80％，尤其是暴风雨更有利于病菌的传播与侵染，雨后天晴极易流行。种植过密，生长不良，容易感病。风雨后遇上几天高温天气，利于病害迅速发展流行。长江中下游地区一般在6～7月，北方多在7～8月，病害发生较重。田间管理不当、偏施氮肥、植株前期生长过旺、地块积水、排水不畅等，容易诱发此病。

**（3）防治措施**

①选用抗病品种，避免连作。重病田块应与非茄科蔬菜实行2～3年的轮作，并注意配合深耕清除植株病株体。

②种子消毒。辣椒种子可携带疮痂病的病原菌。播种前对种子进行消毒处理，是防治病害简便易行的方法之一。一般可采用种衣剂处理或温水浸种，先将种子放入55℃温水中浸中种10min，捞起再用1％硫酸铜溶液浸泡5min；或用500万单位农用链霉素500倍液浸种30min，或用0.1％高锰酸钾溶液浸种15min，洗净后催芽播种。

③加强田间管理。加强育苗期的管理，培育健壮椒苗，实行合理密植，定植后注意松土，追施磷、钾肥料，促根系发育。改善田间通风条件，雨后及时排水，降低湿度。及时清洁田园，清除枯枝落叶，收获后，病残体集中烧毁。

④药剂防治。发病初期及时喷洒高效低毒低残留农药，常用的药剂有60％琥乙膦铝（天丁米）可湿性粉剂500倍液、新植霉素4 000～5 000倍液、72％农用链霉素4 000倍液、14％络氨铜水剂300倍液、77％可杀得可湿性粉剂500倍液、53.8％可杀得干悬浮剂1 000倍液、1∶1∶200波尔多液、60％百菌通可湿性粉剂500倍液、65％代森锌可湿性粉剂500倍液等，每7～10d喷1次，连续防治2～3次，可获得理想的防治效果。

**9. 辣椒炭疽病**

**（1）危害症状** 辣椒炭疽病属于真菌性病害，危害叶片和果实。叶片受害后产生水渍状圆形病斑，边缘褐色，中央灰白色，上面轮生小黑点，病叶易脱落。此病的典型症状是果实上发生中心凹陷的近圆形病斑，病斑上产生轮状排列的小黑点。果实发病初期出现水渍状黄褐色病斑，扩大呈长圆形或不规则形病斑，中心凹陷，边缘红褐色，中间灰褐色，病斑上有稍隆起的同心轮纹，其上轮生小黑点。潮湿时分泌出红色黏稠物质，干燥后病斑干缩呈膜状破裂。

**（2）发病规律** 病菌可随病残体在土壤中越冬或附着在种子上越冬。第二年病菌多从寄主的伤口侵入，田间发病后，病斑上产生大量分生孢子，借助风雨、昆虫传播进行重复侵染而加重危害。此病菌发育温度为12～33℃，最适温度为 27℃，相对湿度 95％左右，高温高湿有利于该病的发生流行。田间排水不良，种植过密，氮肥过量，通风不好造成田间湿度大或果实受到损伤等都易诱发此病的发生。

**（3）防治措施**

①选用无病种子和种子消毒。从无病田或无病株上采集种子。如果是外购种子，应进行种子消毒处理。用 55℃温水浸种 20min 或用 50％多菌灵可湿性粉剂 500 倍液浸种 1h，也可用 50％多菌灵加 50％福美双可湿性粉剂，按种子重量的 0.3％的药量拌种后播种。

②实行三年以上轮作。发病严重的田块可进行水旱轮作或与瓜类、豆类蔬菜轮作。

③加强田间管理。采用营养钵培育壮苗，适时定植，合理密植，高畦地膜覆盖栽培。雨后及时清沟排水，降低田间湿度，并预防果实日灼；推广配方施肥，适当增施磷、钾肥，增强植株抗性。及时打掉下部老叶，使田间通风透气，采收后应及时清除田园病残体，集中烧毁或深埋，减少病菌来源。

④药剂防治。发病初期，田间发现病株可及时选用下列药剂：50％多菌灵可湿性粉剂 600 倍液、70％甲基托布津可湿性粉剂 800 倍液、80％炭疽福美可湿性粉剂 800 倍液、50％苯菌灵可湿性粉剂 1 000～1 500 倍液、80％新万生可湿性粉剂 800～1 000 倍液、75％百菌清可湿性粉剂 600 倍液、65％代森锌可湿性粉剂 500 倍液等进行喷施。视田间病情每隔 7～10d 喷施一次，连续喷施 2～3 次。

**10. 辣椒青枯病**

**（1）危害症状**　发病初期个别枝条叶片发生萎蔫，以后蔓延到整株。发病后叶色变淡并逐渐变枯。纵剖病茎，维管束变褐，其横截面可见白色乳状黏液溢出。

**（2）发病规律**　青枯病属于细菌性病害，喜酸性土壤，环境湿度大时易发生和流行。因此常发生于高温多雨的南方，北方较少发生。病菌以病残体遗留在土壤中越冬。主要靠雨水、灌溉水及昆虫传播。从根部及茎的皮孔或伤口侵入。

**（3）防治措施**

①选用抗病品种。

②加强田间管理，实行轮作，改良土壤呈中性或弱碱性。培育壮苗，减少伤根。尽量控制易于发病的温湿度环境。

③药剂防治，可采用 14％络氨铜 300 倍液、硫酸链霉素或 72％的农用链霉素 4 000 倍液或 50％抑枯双 800 倍液灌根。

# 二、辣椒虫害防治

## 1. 白粉虱

**（1）生活习性与危害特点** 白粉虱又名小白蛾，在我国各地均有危害，特别是在保护地较多的地区。危害时主要集群在叶片的背面，以刺吸式口器吸吮叶片的枝叶，成虫和若虫分泌蜜露堆积在叶片和果实上，影响光合作用和降低果实商品性。白粉虱的各种虫态可在温室辣椒上越冬。雌虫交配后每天可产卵几百粒，还可进行孤雌生殖，后代均是雄虫。成虫具有趋黄、趋嫩、趋光性，并喜食植株的幼嫩部分。成虫活动最适温度22～30℃。一年可繁殖10代左右。

**（2）防治措施**

①生物防治。在保护设施内人工释放丽蚜小蜂、中华大草蛉等天敌防治白粉虱。

②物理防治。可在栽培地设置橙黄色板，上涂10号机油。每亩悬挂30～40块，诱杀效果较好。隔一周在涂一次机油。

③药剂防治。可用25％的扑虱灵2 500倍液、25％灭螨锰1 200倍液、10％联苯菊酯（天王星）、2.5％溴氰菊酯（敌杀死）3 000倍液、三氟氯氰菊酯（功夫）3 000倍液喷洒，每周一次，连续喷3～4次，不同药剂应交替使用。喷药要在早晨或傍晚进行，先喷叶正面再喷背面。

④熏烟防治。在保护地施用，傍晚密闭大棚或温室，用20％灭蚜烟剂熏烟，或用2.5％氰戊菊酯油剂用背负式机动发烟剂释放烟剂。

## 2. 蓟马

**（1）生活习性与危害特点** 蓟马成虫体长1mm，金黄色，头近方形，复眼稍突出，单眼3只，翅两对，周围有细长的缘毛。若虫黄白色，复眼红色。

该虫可以周年危害，终年繁殖，以秋季危害最重。成虫活跃、善飞、怕光，多在幼果毛丛中取食，各部位叶片都能受害，但以叶背为主。卵散产于叶肉组织，幼虫入表土化蛹。近年来，由于保护地栽培面积的日益扩大及不合理的农药使用，蓟马危害日趋严重，在秧苗及成株上均有发生。蓟马主要在叶片背面、心叶、嫩芽上锉吸危害，锉吸后在叶片上形成亮晶晶的痕迹，严重时会导致叶及嫩芽扭曲变形。

终年可在杂草及茄子上辗转繁殖危害，2月上旬开始危害秧苗，5～9月为该虫的危害高峰，10～11月，随着冬季气温下降，回到杂草越冬。

**（2）防治措施**

①农业防治。加强田间管理，及时清除田间杂草、病叶，推广地膜覆盖栽

培，减少害虫的越冬基数。

②诱杀成虫。利用棕榈蓟马对蓝色具有强趋性，取大小约 20～30cm 的蓝色油光纸，粘贴于硬纸板上，蓝色纸上均匀涂不干胶，挂在近植株上部，每亩挂 10 余块，可黏捕大量蓟马。

③化学防治。可采用 21％灭毙乳油 600 倍液，或 10％吡虫啉可湿性粉剂 3 000～4 000 倍液，或 70％艾美乐水分散粒剂 15 000～20 000 倍液，或 50％马拉松乳油 1 000 倍液，或 50％锌硫磷乳油 1 000 倍液，或 25％杀虫双水剂 1 000～1 500 倍液喷雾。用药上应注意叶背及地面喷雾，以提高防效。

**3. 蚜虫**

**（1）生活习性与危害特点**　蚜虫在温暖地区或温室中以无翅胎生雌蚜繁殖。其繁殖适温为 15～26℃，相对湿度为 75.8％左右。蚜虫主要附着在叶面，吸取辣椒叶片的营养物质进行危害，是传染病毒的主要媒介。

有翅胎生雌蚜体长 2.0mm 左右，头、胸为黑色，腹部为绿色。无翅胎生雌蚜体长 2.5mm 左右，黄绿色、绿色或黑绿色。

**（2）防治措施**

①黄板诱蚜。可用涂有 10 号机油等黏液的黄板来诱杀蚜虫。黄板大小一般为 16～20cm 见方，插于或悬挂于蔬菜行间并与蔬菜持平。

②银灰膜避蚜。银灰色对蚜虫有较强的忌避性，可在田间挂银灰色塑料条或用银灰色地膜覆盖蔬菜，在白菜播后立即搭 0.5m 高的拱棚，每隔 0.3m 纵横各拉一条银灰色塑料薄膜，覆盖 18d 左右。

③洗衣粉灭蚜。洗衣粉中的十二烷基苯磺酸钠对蚜虫等有较强的触杀作用。可用洗衣粉配成 400～500 倍液灭蚜，每亩用 60～80kg，连喷 2～3 次。

④植物灭蚜。应用几种植物的叶片可杀灭蚜虫，主要包括：将烟草磨成细粉，加入少量石灰粉，撒施；用水将辣椒叶或野篙浸泡 24h，过滤后喷洒；蓖麻叶粉碎后撒施，或与水按 1∶2 相浸，煮 10min 后过滤喷洒；将桃叶于水中浸泡 24h，加入少量生石灰，过滤后喷洒。

⑤植物驱蚜。韭菜所挥发的气味对蚜虫有驱避作用，将辣椒与韭菜搭配种植可驱避蚜虫。

⑥消灭虫源。木槿、石榴及菜田附近的枯草是蚜虫的主要越冬寄主，在秋冬季及春季要彻底清除菜田附近杂草，或在早春对木槿、石榴等寄主喷药防治。

⑦保护天敌。蚜虫的天敌有七星瓢虫、草蛉、食蚜蝇等，应注意保护它们并加以利用。

**4. 茶黄螨**

**（1）生活习性与危害特点**　茶黄螨属蛛形纲蜱螨目、跗线螨科。成螨和幼螨集中在寄主的幼嫩部位（幼芽、嫩叶、花、幼果）吸食汁液。被害叶片增厚僵直，变小或变窄，叶背呈黄褐色或灰褐色，带油渍状光泽，叶缘向背面卷曲。幼茎被害变黄褐色，扭曲成轮枝状。花蕾受害畸形，重者不能开花坐果。受害严重的辣椒植株矮小丛生，落掉叶、花、果后形成秃尖，果实不能长大，凹凸不光滑，肉质发硬。

雌螨体长约 0.21mm，椭圆形，淡黄色至橙黄色，半透明，体背中央有白色纵条纹，足 4 对，较纤细；雄螨体长约 0.19mm，淡黄色至橙黄色，半透明，足较长而粗壮。卵椭圆形，无色透明，卵面纵列 5～6 行白色小瘤。若螨长椭圆形，长约 0.15mm，是一个静止的生长阶段，被幼螨的表皮所包围。

茶黄螨以成蜗在土缝、蔬菜及杂草根际越冬，世代重叠。热带及温室大棚条件下，全年均可发生。繁殖的最适温度为 16～23℃，相对湿度 80%～90%，温暖多湿的生态环境有利于茶黄螨生长发育，但冬季繁殖力较低。茶黄螨的传播蔓延除靠本身爬行外，还可借风力、人、工具及菜苗传带，开始为点片发生。茶黄螨有趋嫩性，成螨和幼螨多集中在植株的幼嫩部位危害，尤其喜在嫩叶背面栖息取食。雄螨活动力强，并具有背负雌若螨向植株幼嫩部位迁移的习性。卵多散产于嫩叶背面、果实的凹陷处或嫩芽上。初孵幼螨常停留在卵壳附近取食，变为成螨前停止取食，静止不动，即为若螨阶段。

**（2）防治措施**

①清洁田间。搞好冬季大棚内茶黄螨的防治工作，铲除田间和棚内杂草，蔬菜采收后及时清除枯枝落叶集中烧毁，减少越冬虫源。

②药剂防治。由于茶黄螨的生活周期短、螨体小，繁殖力强，应注意抓住早期的点、片发生阶段及时防治。施药时应注意把药液重点喷在植株上部的嫩叶背面、嫩茎、花器和嫩果上。可选用下列药剂：1.8% 虫螨克乳油 3 000 倍液、72% 克螨特乳油 2 000 倍液、55 尼索朗乳油 2 000 倍液、20% 螨克乳油 1 500 倍液、1.8% 爱福丁乳油 3 000 倍液、2.5% 天王星乳油 3 000 倍液、25% 灭螨猛可湿性粉剂 1 000 倍液，药剂应轮换使用，每隔 10d 喷施一次，连续喷施 3 次。

**5. 红蜘蛛**

**（1）生活习性与危害特点**　棉花红蜘蛛，俗称"红蚰"，主要聚集在辣椒叶背面，受害叶先形成白色小斑点，然后褪变成黄白色，造成叶片干瘪，植株枯死。红蜘蛛主要以成虫、卵、幼虫、若虫这 4 种虫态在作物和杂草上越冬，一般一年繁殖 10～20 代，一般 25℃以上才开始发生，6～8 月为发生高峰期。

**（2）防治措施**

①清洁田间。搞好冬季大棚内茶黄螨的防治工作，铲除田间和棚内杂草，蔬菜采收后及时清除枯枝落叶集中烧毁，减少越冬虫源。

②药剂防治。由于茶黄螨的生活周期短、螨体小，繁殖力强，应注意抓住早期的点、片发生阶段及时防治。施药时应注意把药液重点喷在植株上部的嫩叶背面、嫩茎、花器和嫩果上。可选用下列药剂：1.8%虫螨克乳油3000倍液、72%克螨特乳油2000倍液、55尼索朗乳油2000倍液、20%螨克乳油1500倍液、1.8%爱福丁乳油3000倍液、2.5%天王星乳油3000倍液、25%灭螨猛可湿性粉剂1000倍液，药剂应轮换使用，每隔10d喷施一次，连续喷施3次。

### 6. 根结线虫

**（1）生活习性与危害特点** 根结线虫在有些地区非常严重。该病主要发生在根部的须根或侧根上，病部产生肥肿畸形瘤状结，解剖根结有很小的乳白色线虫埋于其内。一般在根结之上可生出细弱新根，并再度感染，形成根结状肿瘤。在发病初期，地上部分的症状并不明显，但一段时间后，植株表现叶片黄化，生育不良，结果少，严重时植株矮小。感病植株在干旱或晴朗天气的中午常常萎蔫，有的提早枯死。

我国辣椒根结线虫病的病原物为南方根结线虫，属于植物寄生线虫，有雌雄之分，幼虫呈细长蠕虫状；雌虫所产之卵多埋藏于寄主组织内。根结线虫常以2龄幼虫或卵随病残体遗留土壤中越冬，可存活1～3年。翌年条件适宜，越冬卵即孵化为幼虫，继续发育并侵入寄主，刺激根部细胞增生，形成根结或瘤。幼虫发育至4龄时交尾产卵，雄虫离开寄主进入土壤，不久即死忘，卵在根结内孵化发育，2龄后离开卵壳，进入土壤进行再侵染或越冬。辣椒根结线虫的初侵染源主要是病土、病苗及灌溉水。在土温25～30℃、土壤持水量40%左右，病原线虫发育较快，10℃以下幼虫停止活动；这种在55℃下经10min即可死亡。地势高燥、土壤质地疏松、盐分低的条件适合线虫活动，发病严重；连作发病严重。

根结线虫以成虫或卵在病组织中越冬，或以幼虫在土壤中越冬。病土和病肥是发病主要来源。翌年，越冬的幼虫或越冬的卵孵化出幼虫，由根部侵入，导致田间初侵染，以后则出现重复侵染。辣椒根结线虫适宜的发育温度为25～30℃，幼虫遇10℃低温即失去生活能力，48～60℃经5min致死；这种线虫只能在土壤中存活一年。线虫分布在20cm土层以内，以3～10cm土层分布最多。根结线虫好气，凡地势高燥、土质疏松的土壤都有利于线虫活动，发病较重，若土壤潮湿、板结则不利于线虫活动，发病轻。连作发病重，连作期越长，危害越重。春季发病比秋季重。

**（2）防治措施**

①合理轮作。辣椒轮作3年以上，最好是进行水旱轮作。重病地块可改种葱、蒜类蔬菜。

②实行深耕。根结线虫一般在浅土层中活动，经过深耕可以减少根结线虫的危害。通常需要深耕 25cm 以上。

③及时清理病残体并进行行土壤消毒。春季作物收获后，利用夏季高温，每亩撒施生石灰 75～100kg，然后翻地、灌足水，覆盖薄膜密闭大棚 15～20d，这样地表温度可达到 70℃，而 10cm 土层温度也可达 60℃，这样的温度可以杀死线虫。

④采用抗根结线虫的辣椒砧木进行嫁接。

⑤药剂防治。在播种或定植时，穴施 10％粒满库颗粒剂 5kg/亩，或 5％粒满库颗粒剂 10kg/亩。或 98％～100％棉隆（必速灭）颗粒剂 5～6kg/亩，均匀拌 50kg 细土，撒施或沟施，施药深度 20cm，用药后立即覆土，有条件可浇水并覆盖地膜，使土壤温度控制在 12～18℃，湿度 40％以上。可以用 1.8％爱福丁乳油在定植前灌沟，用量为每平方米 1～1.5g 对水 6kg，定植后以同样药量灌根 2 次，间隔 10～15d。另外，可以采用中华土壤菌虫快杀 700～900 倍液灌根、或 80％敌敌畏乳油 1 000 倍液灌根，或 3％米乐尔颗粒剂 3kg 加干细土 50kg 施入土壤。生长期间可以用 50％辛硫磷乳油 1 000 倍液（大棚内使用）灌根，或 80％敌敌畏乳油 1 000 倍液灌根（露地使用），每株用药液 0.25～0.5kg。

**7. 棉铃虫**

**（1）生活习性与危害特点** 棉铃虫又名钻心虫，属鳞翅目夜蛾科。主要以幼虫蛀食辣椒的嫩茎叶及果实，幼果常被吃空。危害时多在果柄处钻洞，钻入果内蛀食果肉。

成虫具有趋光趋花习性。每年可发生 4 代，以蛹在土壤中越冬，成虫在植株嫩叶、嫩果柄上产卵。每头雌虫产卵 1 000 粒以上，1 头幼虫危害 35 个果实。棉铃虫喜温喜湿，幼虫发育以 25～28℃、相对湿度 75％～96％最为适宜。

**（2）防治措施**

①农业防治：耕作栽培，减少虫源。露地冬耕冬灌，将土中的蛹杀死。早春在辣椒田边靠西北方向种一行早玉米，待棚膜揭除后，其成虫飞往玉米植株上产卵，然后清除卵粒、减少虫量。实行轮作。推广利用早熟品种，避开危害时期。加强田间管理，及时清洁田园，在盛卵期结合整枝、打杈、摘除带卵叶片，减少卵量，摘除虫果，压低虫口基数。

②物理防治：诱杀成虫，降低虫量。杨树枝把诱蛾法，剪取 0.6m 长带叶杨树枝条，每 10 根一小把绑在一根木棍上，插在田间（稍高于辣椒顶部），每亩 10 把，每 5～10d 更换一次，一般从 4 月上中旬开始，连续 15～20d。每天早晨露水未干时，用塑料袋套在把上捕杀成虫。黑光灯诱蛾法，每 3.5hm² 安装黑光灯一盏（220V、40W），灯下放一塑料盆，盆内盛水放少量洗衣粉，从

4月上中旬田间始见蛾时于傍晚点灯至翌日清晨，可杀死大量飞蛾。电子灭蛾灯诱杀成虫：即在无遮挡的菜地里，每 7hm$^2$ 安装一盏灯（220V、15W），用一根木桩竖立深埋固定，以避免大风刮动而摇摆，灯具安装在木桩上，底部高出植株顶部 0.2m 以上木桩周围设置醒目警示牌或安全栏栅，通电后不能用手摸电网，以免触电，注意线路维修，以免漏电，若电网上布满害虫残体，必须停电后再清除本年用完后妥善保管好灯具，翌年再用。可杀死蔬菜、水稻、棉花、果树等趋光性害虫，并且多数是在产卵前被诱杀。

③生物防治：保护天敌，杀死幼虫。保护好天敌如赤眼蜂、长蝽、花蝽、草蛉及蜘蛛等。使用生物农药，在产卵高峰期喷施生物农药如 Bt 乳剂、复方 Bt 乳剂、杀螟杆菌各 500～800 倍液，生物复合病毒杀虫剂 Ⅰ 型 1 000～1 500 倍液，对低龄幼虫有较好的防治效果。注意在使用生物农药时要检查该药是否过期或假冒伪劣产品，并要求在阴天或傍晚弱光照时施药，不能与杀菌剂或内吸性有机磷杀虫剂混用，使用过该药的药械要认真冲洗干净；当田间虫口密度大时，可适当加入少量的除虫菊酯类农药，以便尽快消灭害虫，减轻危害。

④化学防治，使用药剂，毒杀幼虫：在准确测报基础上，重点抓好花蕾至幼果期的防治。根据防治指标（有虫株率 2%），及时地在 1～2 龄幼虫期用药，即幼虫还未蛀入果内危害的时期施药防治，将幼虫杀死在蛀果前。可选用 2.5% 溴氰菊酯乳油 2 000 倍液、2.5% 氯氟氰菊酯乳油 2 000 倍液、4.5% 高效氯氰菊酯乳油 1 500 倍液、5% 卡死克乳油 2 000 倍液、35% 农梦特乳油 2 000 倍液、10% 菊马乳油 1 500 倍液、48% 乐斯苯乳油 1 500 倍液、21% 灭杀毙乳油 4 000 倍液，于傍晚喷施，每季每种药只可用 2 次，轮换用药，减缓害虫产生抗药性。

### 8. 烟青虫

**（1）生活习性与危害特点**　烟青虫属鳞翅目夜蛾科，又名烟夜蛾。烟青虫主要危害辣椒，以幼虫蛀食花蕾和果实为主，也可食害其嫩茎，叶和芽。蛀果危害时，虫粪残留于果皮内使椒果失去经济价值，田间湿度大时，椒果容易腐烂脱落造成减产。

成虫体长约 15mm，翅展 27～35mm，黄褐色，前翅上有几条黑褐色细横线、肾状纹和环状纹较棉铃虫清晰；后翅黄褐色，外缘的黑褐色宽带稍窄。卵较扁，淡黄色，卵壳上有网状花纹，卵孔明显。老熟幼虫体形大小及体色变化与棉铃虫相似。体侧深色纵带上的小白点不连成线，分散成点。体表小刺较棉铃虫短，圆锥形，体壁柔薄较光滑。蛹赤褐色，纺锤形，体长体色与棉铃虫相似，腹部末端的一对钩刺基部靠近。

烟青虫一般一年发生 4～5 代，蛹在土中越冬，成虫 4 上中旬至 11 月下旬均可见。成虫产卵多在夜间，前期卵多产在寄主植物上中部叶片背面的叶脉处，后期多在果面或花瓣上。气温高低直接影响成虫羽化的早晚、卵的历期和幼虫发育的快慢，其生长发育适温为 20～28℃。在蛀果危害时，一般一个椒果内只有一头幼虫，密度大时有自相残杀的特点。幼虫白天潜伏夜间活动，有假死性，老熟后脱果入土化蛹。近年来烟青虫的发生危害呈逐年加重的趋势。

**（2）防治措施**

①农业防治：耕作栽培，减少虫源。露地冬耕冬灌，将土中的蛹杀死。早春在辣椒田边靠西北方向种一行早玉米，待棚模揭除后，其成虫飞往玉米植株上产卵，然后清除卵粒、减少虫量。实行轮作。推广利用早熟品种，避开危害时期。加强田间管理，及时清洁田园，在盛卵期结合整枝、打杈摘除带卵叶片，减少卵量，摘除虫果，压低虫口基数。

②物理防治：诱杀成虫，降低虫量。

杨树枝把诱蛾法：剪取 0.6m 长带叶杨树枝条，每 10 根一小把绑在一根木棍上，插在田间（稍高于辣椒顶部），每亩 10 把，每 5～10d 更换一次，一般从 4 月上中旬开始，连续 15～20d。每天早晨露水未干时，用塑料袋套在把上捕杀成虫。

黑光灯诱蛾法：每 3.5hm² 安装黑光灯一盏（220V、40W），灯下放一塑料盆，盆内盛水放少量洗衣粉，从 4 月上中旬田间始见蛾时于傍晚点灯至翌日清晨，可杀死大量飞蛾。

电子灭蛾灯诱杀成虫：即在无遮挡的菜地里，每 7hm² 安装一盏灯（220V、15W），用一根木桩竖立深埋固定，以避免大风刮动而摇摆，灯具安装在木桩上，底部高出植株顶部 0.2m 以上木桩周围设置醒目警示牌或安全栏栅，通电后不能用手摸电网，以免触电，注意线路维修，以免漏电，若电网上布满害虫残体，必须停电后再清除本年用完后妥善保管好灯具，翌年再用。可杀死蔬菜、水稻、棉花、果树等趋光性害虫，并且多数是在产卵前被诱杀。

③生物防治：保护天敌，杀死幼虫。保护好天敌如赤眼蜂、长蝽、花蝽、草蛉及蜘蛛等。使用生物农药，在产卵高峰期，喷施生物农药如 Bt 乳剂、复方 Bt 乳剂、杀螟杆菌各 500～800 倍液，生物复合病毒杀虫剂Ⅰ型 1 000～1 500倍液，对低龄幼虫有较好的防治效果。注意在使用生物农药时要检查该药是否过期或假冒伪劣产品，并要求在阴天或傍晚弱光照时施药，不能与杀菌剂或内吸性有机磷杀虫剂混用，使用过该药的药械要认真冲洗干净；当田间虫口密度大时，可适当加入少量的除虫菊酯类农药，以便尽快消灭害虫，减轻危害。

④化学防治，使用药剂，毒杀幼虫：在准确测报基础上，重点抓好花蕾至幼果期的防治。根据防治指标（有虫株率 2%），及时地在 1～2 龄幼虫期用

药，即幼虫还未蛀入果内危害的时期施药防治，将幼虫杀死在蛀果前。可选用2.5％溴氰菊酯乳油2 000 倍液、2.5％氯氟氰菊酯乳油2 000 倍液、4.5％高效氯氰菊酯乳油1 500 倍液、5％卡死克乳油2 000 倍液、5％抑太保乳油3 000 倍液、35％农梦特乳油2 000 倍液、10％菊马乳油1 500 倍液、48％乐斯苯乳油1 500 倍液、21％灭杀毙乳油4 000 倍液等，于傍晚喷施，每季每种药只可用两次，轮换用药，减缓害虫产生抗药性。

**9. 斜纹夜蛾**

**（1）生活习性与危害特点**　斜纹夜蛾属鳞翅目夜蛾科，是一种食性很杂的暴食性害虫。初孵幼虫群集危害，2 龄后逐渐分散取食叶肉，4 龄后进入暴食期，5～6 龄幼虫占总食量的90％。幼虫咬食叶片，花、花蕾及果实，食叶成孔洞或缺刻，严重时可将全田作物吃成光秆。

成虫体长 14～20mm，翅展 35～40mm，体深褐色，胸部背面有白色丛毛，腹部侧面有暗褐色丛毛。前翅灰褐色，内、外横线灰白色波浪形，中间有3 条白色斜纹，后翅白色。卵扁平半球形，初产时黄白色，孵化前紫黑色，外覆盖灰黄色绒毛。老熟幼虫体长 35～50mm，幼虫共分 6 龄。头部黑褐色，胸腹部的颜色变化大，如土黄色、青黄色、灰褐色等，从中胸至第九腹节背面各有一对半月形或三角形黑斑。蛹长 15～20mm，红褐色，尾部末端有一对短棘。

斜纹夜蛾一年发生 5～6 代，是一种喜温性害虫，发育适宜温度 28～30℃，危害严重时期 6～9 月。成虫昼伏夜出，以晚上 8～12 时活动最盛，有趋光性和需要补充营养，对糖、酒、醋液及发酵物质有趋性。卵多产在植株中部叶片背面的叶脉分叉处，每雌产卵 3～5 块，每块约 100 多粒。大发生时幼虫有成群迁移的习性，有假死性。高龄幼虫进入暴食期后，一般白天躲在阴暗处或土缝中，多在傍晚后出来危害，老熟幼虫在 1～3cm 表土内或枯枝败叶下化蛹。

**（2）防治措施**

①诱杀成虫。利用成虫的趋光性、趋化性进行诱杀。采用黑光灯、频振式灯诱蛾，也可用糖醋液或胡萝卜、红苕、豆饼等发酵液，加少许红糖、敌百虫进行诱杀。

②人工捕杀。利用成虫产卵成块，初孵幼虫群集危害的特点，结合田间管理进行人工摘卵和消灭集中危害的幼虫。

③生物防治。在幼虫初孵期用复合病毒杀虫剂虫瘟一号 1 500 倍液喷雾，效果较好。

④化学防治。抓住幼虫在 3 龄前群集危害和点片发生阶段，可结合田间管理进行挑治，不必全田施药。幼虫 4 龄以后因昼伏夜出危害，施药宜在傍晚前

后进行。可选用下列药剂，每隔 7～10d 喷施一次，连用 2～3 次：5％抑太保乳油 3 000 倍液；7.5％虫霸乳油 3 000 倍液；5％卡死克乳油 2 000 倍液；20％菊马乳油 2 000 倍液；40％氰戊菊醋 5 000 倍液；2.5％天王星乳油 3 000 倍液；48％乐斯本乳油 1 000 倍液。

# 第四部分 茄果蔬菜工厂化育苗技术

工厂化育苗是以不同规格的穴盘作为容器，用草炭、蛭石以及珍珠岩等轻质材料作为基质，精量播种，通过人工控制使环境适应秧苗生长要求，培育出优质秧苗的现代化育苗技术。其优点是节约种子、生产成本低、机械化程度高、工作效率高、出苗整齐、病虫害少、移栽过程不伤根、定植后成活率高、种苗适于长途运输和便于商品化供应。本章节将详细介绍茄子、辣椒以及番茄的工厂化育苗技术操作，以便为更多的生产者提供技术参考。

**1. 场地及设备要求**

**（1）场地** 冬春季育苗温室多采用节能型日光温室或连栋温室，夏秋季育苗可在塑料大棚内进行。育苗前要做好温室加温设施的检修和维护，在育苗前做好温室的消毒。可用 90％晶体敌百虫 800 倍液喷撒地面和墙壁，也可用 40％～50％百菌清烟熏剂进行一夜熏蒸消毒，每 500m 温室 200～300g。

**（2）苗床架** 育苗棚内需要育苗床架，床架的设置一是为育苗者作业操作方便，二是可以提高育苗盘的温度，三是可防止幼苗的根扎入地下，有利于根坨的形成，四是利于穴孔内基质的水分及氧气的流通，不易沤根，形成病害。冬天床架可稍高些，夏天可稍矮些。高度可根据需要而定，生产上多为 50～70cm。

**（3）肥水系统** 喷水喷肥设备是工厂化育苗的必要设备之一。喷水喷肥设备的应用可以减少劳动强度，增加劳动效率，操作简便，有利于实现自动化管理。在没有条件的地方，也可以利用自来水管或水泵，接上软管和喷头，进行水分的供给，需要喷肥时，在水管上安放注肥装置，利用虹吸作用，进行养分的补给。

**2. 穴盘育苗资材**

**（1）精量播种系统** 根据播种器的作业原理不同，精量播种机主要有两种类型，一种为机械转动式，另一种为真空气吸式。机械转动式的工作程序包括基质混拌、装盘、压穴、播种、覆盖、喷水等一系列作业，机械式精量播种机对种子的形状要求极为严格，种子需要进行丸粒化方能使用；气吸式精量播种机分为全自动和半自动两种机型，全自动气吸式精量播种机工作程序同于机械式精量播种机，不同的是气吸式精量播种机对种子形状要求不甚严格，大多数种子可不进行丸粒化加工，但是丸粒化以后更有利于精量播种。

**（2）穴盘**　目前国内常见的穴盘规格分别为 50 孔、72 孔、105 孔、128 孔和 200 孔。育番茄、茄子、辣椒苗常选用 50 孔、72 孔或 105 孔、128 孔穴盘，根据育苗者自身情况选择，穴孔数越少，穴孔越大，苗龄越长。

**（3）育苗基质**　目前国内常用基质材料为草炭、蛭石、珍珠岩。冬季育苗草炭∶蛭石＝2∶1；或草炭∶蛭石∶珍珠岩＝2∶1∶1（体积比），夏季育苗可将草炭的占比提高，为 3∶1∶1。

播种前每 1m³ 基质加 50％多菌灵粉剂 200g，拌匀。

# 第一章　茄子工厂化育苗技术

## 一、种子选择及种子处理

### 1. 种子选择

培育优质穴盘苗，首先应选择质优、抗病、丰产的品种，并且要纯度高、洁净无杂质、子粒饱满、高活力、高发芽率的种子，种子芽率必须在90％以上，最好在95％以上。有利于充分利用苗床面积，减少基质、肥料和人工的浪费。

### 2. 种子处理

为了促使种子萌发整齐一致，减少种子自带病菌，播种之前应进行种子处理。

**（1）温水浸种法**　将种子放入50～60℃的温水中，顺时针搅拌种子20～30min至水温降至室温时停止搅拌，然后在水中浸泡7～8h，漂去瘪籽，用清水冲洗干净后滤去水分，将种子风干后备用或进行种子丸粒化。

**（2）药剂处理**　药剂处理种子的目的是杀灭附着在种子表面的病菌，种子先用清水浸泡2～4h后再置入药剂中进行处理，药剂处理后应用清水将种子冲洗干净风干后备用或在做其他处理，否则易产生药害。茄子种子的处理使用40％福尔马林300倍液浸泡15min，可预防茄子褐纹病。

**（3）种子干热处理**　将干燥的种子置于70℃的干燥箱中处理2～3d，可将种子上附着的病毒进行钝化，使其失去活力，还可以增加种子内部的活力，促进种子萌发一致。

**（4）种子活化处理**　穴盘育苗采用精量播种，使用萌发速度快，萌发率高，整齐度好，高活力的洁净的无病种子是培育优质穴盘苗的基础。质量低劣的种子造成苗盘中出苗参差不齐，缺苗和大小苗现象严重，致使成品苗质量下降。因此在播种之前应进行种子活化处理，使用赤霉素500～1 000mg/L的浓度处理1d。

## 二、装盘与播种

穴盘育苗分为机械播种和手工播种两种方式。机械播种又分为全自动机械播种和半自动机械播种。全自动机械播种的作业程序包括装盘、压穴、播种、覆盖和喷水。手工播种和半自动机械播种的区别在于播种时一种是手工点籽，另一种是机械播种，其他工作都是手工作业完成。手工作业程序如下：

**1. 装盘**

首先应该准备好基质，将配好的基质装在穴盘中，基质不能装得过满，装盘后各个格室应能清晰可见。

**2. 压穴**

将装好基质的穴盘垂直码放在一起，4～5盘一摞，上面放一只空盘，两手平放在盘上均匀下压至要求深度。和常规育苗一样，播种深度根据不同作物来定，茄子一般在1～1.5cm。

**3. 播种与覆盖**

将种子点在压好穴的盘中，每穴一粒。播种后覆盖，覆盖料用珍珠岩和蛭石1∶1混合，浇透水，使基质最大持水量达到200％以上。

## 三、催芽

由于穴盘育苗大部分为干籽直播，在冬春季播种后为了促进种子尽快萌发出苗，应在催芽室中进行催芽处理，茄子的催芽温度在28～30℃，大概需要5d出芽。

## 四、摆盘

由于现在工厂化育苗使用的穴盘多为一次性的，质地较软，直接搬动会造成穴盘损坏，营养土洒落，可做几个一次能放几十个穴盘的托盘或用较硬扳子垫在穴盘底层上架摆盘。也可以制作可多层码放的推车，可节省人力，提高效率，摆盘时要轻拿轻放，摆放整齐。

## 五、苗期管理

**1. 浇水施肥**

水分是蔬菜幼苗生长发育的重要条件。播种后，浇一透水，苗子出苗后到第一片真叶长出，要降低基质水分含量，水分过多易徒长。其后随着幼苗不断长大，叶面积增大同时蒸腾量也加大，这时秧苗缺水就会受到明显抑制，易老化；反之如果水分过多，在温度高，光照弱的条件下易徒长，夏天温度高，幼苗蒸发量大，基质较易干，在勤浇水的同时，防止水分过大。茄子苗在播种至出苗期间的基质含水量在 85%～90%，出苗至两叶一心时基质含水量在 70%～75%，两叶一心至成苗期基质含水量降至 65%～70%。

　　浇水时要注意最好在晴天的上午，见干见湿，浇水要浇透，否则根不向下扎，根坨不易形成，起苗时易断根。成苗后起苗的前一天或起苗的当天浇一透水，使幼苗容易被拔出。

　　幼苗生长阶段中应注意适时补充养分，根据秧苗生长发育状况喷施不同浓度的营养液。肥料可选择水溶性肥料，比如保力丰，瑞莱等，也可以根据茄子无土栽培使用的配方肥，随着茄子秧苗苗龄的增长，浓度随着增长，掌握在 0.1%～0.2%。

### 2. 温度管理

　　温度是培育壮苗的基础条件，不同的蔬菜种类在不同的生长发育阶段，要求不同的气温条件。茄子播后的催芽阶段是育苗期间温度最高的时期，需要 28～30℃，待 60% 以上种子拱土后，温度适当降低，以保证出苗整齐；当幼苗二叶一心后适当降温，白天温度保持在 25～28℃，夜晚温度在 18～21℃，保持幼苗生长适温，成苗后定植前一周要降温炼苗，白天温度 20～22℃，夜晚温度 12～14℃。

　　秧苗的生长需要一定的温差，白天和夜间应保持 8～10℃的温差。白天温度高，夜间可稍高些，阴雨天白天气温低，夜间也应低些，保持 2～3℃的温差。阴天白天苗床温度应比晴天低 5～7℃，阴天光照弱，光合效率低，夜间气温相应的也要降低，使呼吸作用减弱，以防徒长苗。

### 3. 湿度管理

　　苗期相对湿度在分苗缓苗期 80%～90%，其他时期在 50%～60% 最为适宜。高于此数值则要通风，降低湿度。湿度的管理采取"宁干勿湿"的原则。如果确有必要浇水，应选在晴天上午，切不可在晴天下午浇水，以防天气突变。也可选择只喷雾不浇水的方法来缓解其缺水的症状，既保证苗子生长速度，又不会导致土壤过湿。有时寒潮天气时间长，叶片上出现水珠，可用薰烟法进行辅助降湿。即在育苗棚的一头用半干的稻草点火，让其浓烟而不出明火，等烟雾充满整个大棚时，再开通苗棚的另一头，让浓烟将湿空气带出大棚，直至叶片上的水珠干了为止。

### 4. 光照管理

　　光照条件直接影响秧苗的素质，秧苗干物质的 90%～95% 来自光合作用，而光合作用的强弱主要受光照条件的影响。冬春季日照时间短，自然光照弱，阴天时温室内光照强度就更弱了。在目前温室内尚无能力进行人工补光的情况下，如果温度条件许可，争取早揭苫晚盖苫，延长光照时间，在阴雨天气，也应揭开覆盖物，选用防尘无滴膜做覆盖材料，定期冲刷膜上灰尘，以保证秧苗对光照的需要。夏季育苗自然光照强度超过了幼苗光饱和点以上，要用遮阳网遮阴，达到降温防病的效果。

幼苗生长的好坏是受综合因素影响的，温度、光照、营养、水分等同时制约着幼苗生长，而且这些环境条件本身又是相互影响，相互制约的。所以要给幼苗生长创造一个良好的环境。

# 六、壮苗指标及商品苗运输移栽

### 1. 成苗指标

冬季育苗时间较长，且不同穴盘规格的育苗时间及成苗标准差异较大，但无论哪种规格穴盘，其一定要叶色浓绿，并略显紫色，根系发达，无病虫害（表4）。

**表4　茄子苗不同穴盘规格及成苗标准**

| 种　　类 | 穴盘选择（孔） | 育苗期（d） | 成苗标准（叶片数） |
|---|---|---|---|
| 冬春季茄子 | 128 | 55～60 | 4叶1心 |
| 冬春季茄子 | 105 | 60～65 | 4～5 |
| 冬春季茄子 | 72 | 65～70 | 6～7 |
| 冬春季茄子 | 50 | 70～75 | 7 |

### 2. 商品苗运输移栽

从育苗基地运苗时可带盘运输，采用运输架运苗或者采用定做的纸箱直接连穴盘运苗。未能及时移栽或栽不完的幼苗，可每天早上浇水，浇匀浇透。如果采用提苗运输的话，可将苗一排排，一层层倒放在纸箱或筐里，取苗前浇一透水，穴盘苗可远距离运输。穴盘育苗移栽时，全根定植，定植后只要温度和湿度适宜，不经缓苗即可迅速进入正常生长。

# 七、病虫害防治

### 1. 生理病害防治

（1）徒长　采取通风降温，控制浇水，降低湿度，喷施磷、钾肥，也可以用浓度为2 000mg/kg的矮壮素进行喷施。苗期喷施2次，矮壮素喷雾宜早晚间进行，处理后可通风，禁止喷后1～2d内向苗床浇水。

（2）僵化　适当提高苗床温度，改控苗为促苗；及时浇水，防止苗床干旱；对已出现儒苗的秧苗可喷施浓度为10～30mg/kg的赤霉素溶液，用药量为100mL/m²，效果较好。

（3）沤根　保持合适的温度，加强通风换气，控制浇水量，调节湿度，特别是在连续阴天时不要浇水。一旦发生沤根，及时通风排湿，增加蒸发量。

（4）烧根　控制施肥浓度，严格按规定使用；浇水要适宜，保持基质湿润；降低基质温度；出现烧根时适当多浇水，降低基质溶液浓度，并视苗情增加浇水次数。

（5）闪苗和闷苗　秧苗不能迅速适应温湿度的剧烈变化而导致猛烈失水，并造成叶缘干枯，叶色变白，甚至叶片干裂。通风过猛，降湿过快的称为"闪苗"，而升温过快、通风不及时所造成的凋萎，称为"闷苗"。前者是猛然通风，苗床内外空气交换剧烈，引起床内湿度骤然下降。后者是低温高湿、弱光下营养消耗过多，抗逆性差，长久阴雨骤晴，升温过快，通风不及时而不适应。通风时由小到大，时间由短到长。通风量的大小应使苗床温度保持在幼苗生长适宜范围以内为准。

**2. 病虫害防治**

苗期病害主要是猝倒病、立枯病，菌核病和灰霉病等；虫害为蚜虫、烟粉虱、蓟马和斑潜蝇等。

病害：猝倒病、立枯病和菌核病可用50％福美双、25％甲霜灵、50％多菌灵、50％扑海因、百菌清、普力克和代森锰锌500～600倍液喷雾。防治灰霉病时可另选用50％速克灵可湿粉剂1 000倍液，或25％霉粉净可湿性粉剂1 000倍液。也可以用百菌清、速克灵烟熏剂，既可通过烟雾的传播使药剂颗粒均匀吸附到植株表面，又不会因用药而增加苗床湿度。每10d喷1次。上述药剂交替使用。

虫害：蚜虫、烟粉虱、斑潜蝇可用20目银灰色防虫网覆盖育苗棚室的门和通风口；张挂黄板诱杀成虫。早期发现蚜虫、白粉虱可用10％吡虫啉可湿性粉剂2 000～3 000倍液防治，斑潜蝇用阿维菌素1 500倍液、爱诺虫清3号2 000倍液防治，蓟马可以用乙基多杀菌素防治，每7d喷1次，药剂交替使用。

低温阴雨期间也要坚持每天通风2～4h，这是防治病害的关键措施，特别是采用无滴膜时更应注意，当出现中心病株后，在病株上撒上石灰粉，次日再将病株清除棚外深埋。利用晴天中午高温，也可以闷棚使棚温达33～35℃，闷30min。

# 第二章　番茄工厂化育苗技术

## 一、种子选择及种子处理

### 1. 种子选择

选择以本地或种苗销售目标地区主栽品种，主要推广产量高、硬度适中、适应性强的优良番茄品种。选用籽粒饱满、经杀菌消毒的新种子，种子芽率必须在 90％以上，最好在 95％左右，这样能够充分利用苗床面积，减少基质、肥料和人工的浪费。

### 2. 种子处理

为了促使种子萌发整齐一致，减少种子自带病菌，播种之前应进行种子处理。可采用种衣剂直接进行浸种或者用温汤浸种，即将种子放在 50～60℃的温水中浸泡 10min，然后再转到 25～30℃的温水中浸泡 8～12h。

## 二、装盘与播种

参照茄子工厂化育苗技术规程。

## 三、催芽

由于穴盘育苗大部分为干籽直播，在冬春季播种后为了促进种子尽快萌发出苗，应在催芽室中进行催芽处理，番茄的催芽温度在 28℃，大概需要 2～3d 出芽。

## 四、摆盘

参照茄子工厂化育苗技术规程。

## 五、苗期管理

### 1. 浇水施肥

番茄苗的需水量小于茄子和辣椒的需水量，因此在不同阶段的基质含水量也有所差别，在播种至出苗期间的基质含水量在 75%～85%，出苗至两叶一心时基质含水量在 65%～70%，两叶一心至成苗期基质含水量降至 60%～65%。

浇水时要注意最好在晴天的上午，见干见湿。番茄的浇水次数要多于茄子，根系较茄子相比，不容易向下扎，因此浇水要浇透，否则根坨不易形成，起苗时易断根。成苗后起苗的前一天或起苗的当天浇一透水，使幼苗容易被拔出。

幼苗生长阶段中应注意适时补充养分，根据秧苗生长发育状况喷施不同浓度的营养液。肥料可选择水溶性肥料，比如保力丰（19-19-19），瑞莱（20-20-20）等，也可以根据番茄无土栽培使用的配方肥，随着番茄秧苗苗龄的增长，浓度随着增长，掌握在 0.1%～0.2%。

**2. 温度管理**

冬春季番茄穴盘育苗播种后白天 28～30℃，夜间 20℃ 保持 3～4d，当苗盘中 60% 左右种子种芽伸出，少量拱出表层时，适当降温，日温 25℃ 左右，夜温 16～18℃ 为宜。当温室夜温偏低时，考虑用地热线加温或临时加温措施，温度过低出苗速率受影响，小苗易出现猝倒病。番茄播后的催芽阶段是育苗期间温度最高的时期，需要 28～30℃，待 60% 以上种子拱土后，温度适当降低；幼苗出齐后温度要降下来，尤其是夜晚温度，应降低到 15℃ 左右，以防止徒长，当幼苗二叶一心后白天适当降温，温度保持在 23～25℃，夜晚温度在 15～18℃，保持幼苗生长适温，成苗后定植前一周要降温炼苗，白天温度 20℃ 左右，夜晚温度 8～10℃。

**3. 湿度**

主要通过浇水控制湿度。播种时要求深度均为 0.5～1.0cm，种子摆正后用蛭石覆盖，均匀覆土约 1cm，然后浇透水，保证基质有 2/3 湿透。出苗前保持苗盘湿润，有利于出苗整齐，期间室内湿度要求不低于 60%。苗期做到少浇水、防雨水，浇水时选早上或傍晚小水勤浇，防止湿度过大，以幼苗不出现萎蔫为准，室内湿度要求不低于 60%。

**4. 光照**

番茄工厂化育苗光照管理与茄子类似。阴天、雾霾等光照不足的天气需要进行人工补光。在没有补光条件的情况下，在温度条件许可的情况下，争取早揭苫晚盖苫，延长光照时间。

**5. 壮苗指标**

春季番茄穴盘育苗商品苗标准视穴盘孔穴大小而异，选用 72 孔苗盘的，株高 18～20cm，茎粗 4.5mm 左右，叶面积在 90～100m²，达 6～7 片真叶并现小花蕾时成苗，需 60～65d 天苗龄；128 孔苗盘育苗，株高 10～12cm，茎粗 2.5～3.0mm，4～5 片真叶，叶面积在 25～30cm² 需苗龄 50d 左右。秧苗达上述标准时，根系将基质紧紧缠绕，当苗子从穴盘拔起时也不会出现散坨现象，取苗前浇一透水，易于拔出。

# 六、病虫害防治

### 1. 药剂防治

病害：工厂化育苗的病虫害防治原则是以预防为主，打药时要求气温在 30℃以下。一般将 1～2 种杀菌剂与 1 种杀虫剂同用。如防治猝倒病，可用普力克 800～1 000 倍液、达科宁（百菌清）800 倍液或嗯霉灵 800 倍液灌根；防治番茄叶斑病，可用百菌清 500 倍液、代森锰锌 500～800 倍液、甲基托布津 800 倍液；防治早疫病，可用抑快净 1 000 倍液＋四霉素 800 倍液；防治晚疫病，可用阿米西达 1 000 倍液；防治灰霉病，可用速克灵 1 000 倍液。

虫害：防治蚜虫、白粉虱，可用阿克泰 3 000 倍液、啶虫脒 1 000 倍液、吡虫啉 1 000 倍液、烯啶虫胺 1 000 倍液；防治斑潜蝇，可用斑潜净 1 000 倍液、高效氯氰菊酯 1 000～1 500 倍液、绿菜宝（阿维敌敌畏）1 000 倍液；防治菜青虫、甜菜夜蛾，可用 1.8％阿维菌素乳油 2 000 倍液、高效氯氰菊酯 1 000～1 500 倍液、菜喜 1 000 倍液、甲维盐 1 000 倍液。

### 2. 农业防治

育苗期间适时适量浇水，阴雨天尽量不喷水，以保持温室内较低的湿度，可预防苗期猝倒病、立枯病等苗期病害的发生。

# 第三章  辣椒工厂化育苗技术

## 一、种子选择及种子处理

### 1. 种子选择

结合商品苗市场流向，选择耐低温、弱光、抗病、丰产、结果率高的优良品种。兼顾纯度、净度、发芽率等条件选择适合工厂化育苗的辣椒种子。

### 2. 种子处理

将种子放入50～60℃的温水中，顺时针搅拌种子20～30min至水温降至室温时停止搅拌，然后在水中浸泡24h，漂去瘪籽，用清水冲洗干净后滤去水分，将种子风干后备用或进行种子丸粒化。

## 二、装盘与播种

参照茄子工厂化育苗技术规程。

## 三、催芽

由于穴盘育苗大部分为干籽直播，在冬春季播种后为了促进种子尽快萌发出苗，应在催芽室中进行催芽处理，辣椒的催芽温度在28～30℃，大概需要5d出芽。

## 四、摆盘

参照茄子工厂化育苗技术规程。

## 五、苗期管理

### 1. 浇水施肥

辣椒苗在播种至出苗期间的基质含水量在85%～90%，出苗至两叶一心时基质含水量在70%～75%，两叶一心至成苗期基质含水量降至65%～70%。辣椒的浇水次数要多于茄子，根系较茄子相比，不容易向下扎，因此浇水要浇透，否则根坨不易形成，起苗时易断根。成苗后起苗的前一天或起苗的当天浇一透水，使幼苗容易被拔出。

**2. 温度管理**

辣椒播后的催芽阶段是育苗期间温度最高的时期，需要 28～30℃，待60％以上种子拱土后，温度适当降低；幼苗出齐后温度要降下来，尤其是夜晚温度，应降低到 15℃左右，以防止徒长，当幼苗二叶一心后白天适当降温，温度保持在 25～28℃，夜晚温度在 18～21℃，保持幼苗生长适温，成苗后定植前一周要降温炼苗，白天温度 20～22℃，夜晚温度 10～12℃。

**3. 湿度管理**

适宜辣椒幼苗生长的空气湿度以 70％～80％为宜。高于此数值则要通风，降低湿度。湿度的管理和茄子、番茄类似，均"宁干勿湿"的原则。

**4. 光照管理**

冬春季育苗，气温低、光照弱，苗床采用多层覆盖，辣椒幼苗接受的光照少、时间短。需要采取多种措施，提高幼苗见光时间，促进幼苗的花芽分化。尽量选用长寿流滴农膜，以增加薄膜透光率。在保证幼苗不受冷害的前提下，白天尽量早揭晚盖苗床保温覆盖物，延长幼苗的受光时间。遭遇连续阴雨雪天气，幼苗生长状态不良，必要时采取额外补光措施。

夏季育苗，幼苗生长前期，外界温度高，光照强，需要加盖遮阳网遮阴降温。在阴雨天，需要撤去遮阳网，让幼苗多见光，避免幼苗徒长。定植前，不再需要覆盖遮阳网，让幼苗逐渐适应定植后的栽培环境。

# 六、壮苗指标及商品苗运输移栽

### 1. 壮苗指标

壮苗指标冬季育苗 40～45d，株高 18～20cm，茎粗 0.5cm 以上，5～7 片叶 1 心，现大蕾，叶色浓绿，并略显紫色，根系发达，无病虫害。

辣椒冬季育苗时间较长，且不同穴盘规格的育苗时间及成苗标准差异较大。72 孔和 50 孔穴盘育出的辣椒苗长到 8～9 片叶，现第一花蕾（表 5）。

表 5　辣椒苗不同穴盘规格及成苗标准

| 种　类 | 穴盘选择（孔） | 育苗期（天） | 成苗标准（叶片数） |
|---|---|---|---|
| 冬春季辣椒 | 128 | 50 | 6 叶 1 心 |
| 冬春季辣椒 | 105 | 55 | 7 叶 1 心 |
| 冬春季辣椒 | 72 | 60 | 8 |
| 冬春季辣椒 | 50 | 65～70 | 9 |

**2. 商品苗运输移栽**

运输前，检查幼苗病虫害发生情况，确保幼苗没有受到茎基腐病、细菌性病害、粉虱、蚜虫的侵染，不要将发生病虫害的幼苗定植到生产田中。为防止穴盘苗在运输途中失水萎蔫，通常在运输前一天下午浇透苗床水，便于第二天上午的搬运。穴盘苗的长距离运输，可以采用专用运输架或专用纸箱运输。

# 七、病虫害防治

在辣椒育苗期间容易发生生理性病害，如沤根、烧苗、闪苗、徒长等，出苗后应根据天气变化及时加强防控措施。

夏天育苗时，当苗床温度达到40℃以上时，容易产生烧苗，此时应及时进行苗床遮阴，通过风扇排风降温。冬季育苗要做好保温，可用双层塑料薄膜覆盖，夜间加盖草帘，条件许可时采用地热线、煤炉加热等方式提高温度。通风时要正确掌握通风量，准确选择通风口的方位，以防出现闪苗。苗床温度偏高、氮肥施用过量时，易形成徒长苗，此时应控制肥水，适时喷施多效唑等培育壮苗。

在辣椒育苗期间易发生的病害主要有猝倒病、立枯病、灰霉病等。猝倒病、立枯病的防治措施为：发病初期用64%恶霉灵可湿性粉剂＋70%代森锰锌可湿性粉剂500倍液、或20%甲基立枯磷乳油1 200倍液、或25%瑞毒霉800倍液、或75%百菌清可湿性粉剂600倍液等喷雾防治，出苗后每周喷药1次，连续2～3次。灰霉病可采用50%速克灵可湿性粉剂1 500倍液或30%灰霉灵500倍液喷雾防治，或使用速克灵烟剂进行熏蒸。64%恶霉灵可湿性粉剂＋70%代森锰锌可湿性粉剂500倍液。

辣椒苗期病害主要是蚜虫、白粉虱、斑潜蝇，防治这些虫害的发生可用20目银灰色防虫网覆盖育苗棚室的门和通风口，张挂黄板诱杀成虫。虫害大量发生时，可用10%吡虫啉1 000倍液或25%阿克泰5 000～7 500倍液等进行化学防治。

# 第五部分 茄果蔬菜无土栽培技术

## 第一章 茄子无土栽培技术

茄子（Solanummelongena L.），一年生草本植物。起源于亚洲东南热带地区，中国栽培茄子历史悠久，类型和品种繁多，一般认为，中国是茄子的第二起源地。目前我国的茄子生产已经实现了周年供应，且呈现出了品种专用化，设施栽培扩大化以及生产管理科学化的趋势。而茄子无土栽培技术也逐渐在我国应用，下面重点介绍茄子无土栽培技术要点。

### 一、茄子无土栽培的意义

随着北方保护地蔬菜种植面积的扩大，从事茄子生产的农民日益增多，保护地茄子种植面积逐年扩大，茄子连作障碍问题越来越严重，使系列不良的连作障碍现象发生。而嫁接栽培技术虽具有减轻连作障碍的作用，但也存在着一些问题，因此，无土栽培有着重要的意义。

无土栽培技术从根本上解决了茄子的连作障碍。由于无土栽培使用基质或营养液水培，在每一茬结束后更换基质或营养液即可，不存在连作障碍的问题。且解决了嫁接劳动力成本高的问题。

与传统土壤栽培相比，产量、品质的提升潜力大。无土栽培茄子产量可比传统土壤栽培提高 20%～40%，荷兰、日本等国家现代化管理下产量可达土壤栽培的几倍。无土栽培通过调整营养液配方，可以显著提升茄子的蛋白、维生素 C 等营养的含量。

无土栽培可以实现茄子的周年生产，提高设施利用率，提高效益。

茄子无土栽培能够实现生产的轻简化和可控性，提高茄子的质量安全。

# 二、茄子无土栽培技术

## 1. 茄子的无土栽培类型

水培和基质培等无土栽培设施都适用于茄子。岩棉培、封闭式槽培、椰糠培、有机生态型等基质培形式也都是适用于茄子。水培茄子的早熟丰产性更好，产品商品性更佳。但水培一次性投资比基质培高，水肥等消耗量大，且栽培管理技术、病虫害防治难度高。与水培相比基质培相对投资低，技术要求低。

目前市场上比较成熟的茄子基质培形式有岩棉培、椰糠培、封闭式槽培、有机生态型等。岩棉培由于岩棉需要进口，一次性投资大，大面积推广比较困难。椰糠培相比岩棉培成本略低，技术相对比较成熟。有机生态型无土栽培通过使用作物秸秆等材料作为基质，成本低，但不易实现标准化生产。封闭式槽培是北京市农林科学院蔬菜研究中心自主研发的无土栽培设施，基质使用珍珠岩，成本相对较低，技术要求不高，便于大规模推广。

## 2. 品种与茬口

茄子从育苗、栽培管理到采收整个生长期都在温室内进行，其茬口安排主要有冬春茬、早春茬和秋冬茬 3 种，温室环境控制条件好的温室可以实现无土栽培茄子的长季节生产。

冬春茬：北京地区 9 月上中旬育苗，12 月上中旬定植，翌年 1 月中下旬上市，延续到 7 月中旬。

早春茬：育苗和定植期要比冬春茬茄子晚 1 个月左右。3 月底上市。

秋冬茬：7 月下旬育苗，9 月下旬定植，10 月上中旬扣膜，11 月初上市，可一直延续到翌年 4 月末或 5 月初。

## 3. 茄子无土栽培的营养液管理技术

茄子的养分吸收特性茄子具有喜大水大肥，较耐肥等特性，对氮肥要求高，同时对磷、钾肥需要也较高。是忌氯作物。茄子生长发育要求充足的氮、钾次之，磷较少，全生育期吸收氮、磷、钾的比例大约为 1∶0.3∶0.8。

茄子以采收嫩果为食，氮对产量的影响特别明显。氮充足可以使茎、叶粗大，发育旺盛，形成较多发育良好的花芽，结实率也高。若氮不足，植株矮小，发育不良。从定植到采收结束均需供应氮肥，特别是在生育盛期需要量大。定植前后耐高浓度氮肥的能力比番茄强，不太容易因徒长而落花。

磷对花芽分化发育有很大影响，如磷不足，则花芽发育迟缓或不发育，或形成不能结实的花。苗期施磷多，可促进发根和定植后的成活，有利于植株生长和提高产量。进入果实膨大期和生育盛期，三要素吸收量增多，但对磷的吸收量较少。施磷过多易使果皮硬化，影响品质。

钾对花芽的发育虽不密切，但如缺钾或少钾，也会延迟花的形成。在茄子生育周期以前，吸收量与氮相似，至果实采收盛期，吸收量明显增多。有关研究人员以沙培法进行缺钾实验，表明不论何时缺钾都会影响产量。所以不要在生育期间中断供给钾肥。

茄子叶片主脉附近容易褪绿变黄，这是缺镁的症状。一到采果期，镁吸收量增加，这时如镁不足，常发生落叶而影响产量。土壤过湿或氮、钾、钙过多，会诱发缺镁症。果实或叶片网状叶脉褐变产生铁绣状的原因，是缺钙或肥料过多引起的锰过剩症，或者是亚硝酸气体引起的为害，这些多会影响同化作用而降低产量。茄子对钙的反应不如番茄敏感。

**茄子的营养液配方**

根据茄子养分吸收特性和酸碱度以及无土栽培的形式，茄子的营养液配方有不同的配比，且针对不同地区的水质，营养液配比也不尽相同。表6是茄子基质培不同时期的营养液配比。茄子不同的生长时期对养分的要求不同，因此营养液的配比和浓度也不同。茄子生长的适宜 pH 在 $6.0 \sim 6.7$。北京市农林科学院蔬菜研究中心根据北京地下水的水质条件，结合茄子的养分吸收要求研制了基于北京地下水的茄子改良配方（刘增鑫改良茄果配方）：（$Ca(NO_3)_2 \cdot 4H_2O$ 1 060mg $\cdot$ $L^{-1}$，$KNO_3$ 405.7mg $\cdot$ $L^{-1}$，$NH_4NO_3$ 40mg $\cdot$ $L^{-1}$，$K_2SO_4$ 476mg $\cdot$ $L^{-1}$，$MgSO_4 \cdot 7H_2O$ 152mg $\cdot$ $L^{-1}$，$H_3PO_4$ 0.223mg $\cdot$ $L^{-1}$。

**表6 茄子营养液配方**

（单位：mmol/L）

| 营养液离子浓度 | $NO^{3-}$ | $NH^{4+}$ | $H_2PO^{4-}$ | $K^+$ | $Ca^{2+}$ | $Mg^{2+}$ | $SO^{4-}$ | EC 值（ms/cn） |
|---|---|---|---|---|---|---|---|---|
| 育苗 | 10.03 | 0.00 | 0.41 | 7.03 | 2.99 | 0.42 | 4.17 | 1.63 |
| 定植-门茄瞪眼 | 9.37 | 0.78 | 2.16 | 6.96 | 2.99 | 0.62 | 4.14 | 1.76 |
| 门茄瞪眼后 | 14.08 | 1.53 | 1.85 | 12.40 | 2.54 | 1.50 | 4.49 | 2.36 |

**茄子的营养液管理技术**

不同的生长发育阶段，茄子对养分的需求和吸收不同，因此，在茄子无土栽培中营养液的管理至关重要。基质培定植前用 EC 值 2.5ms/cm 的营养液浇透基质，定植后至门茄瞪眼采用 EC 值 1.76ms/cm 的营养液，促进营养体的迅速长大。门茄瞪眼后采用 EC 值 2.36ms/cm 的营养液，增加氨、钾、镁离子用量，促进果实膨大。

除了在茄子不同的生长时期调整营养液的配比、浓度之外，还要对营养液的供给模式进行调整。不同的生长时期、不同的茬口营养液的供给量和频次也不同，在定植的初期营养液一般灌溉量在 500mL 左右每株，冬春低温季节灌溉 1～3 次，夏秋高温季节灌溉 2～4 次。随着茄子的生长灌溉的次数和灌溉量要逐渐增加，以保证供给充足的养分，一般低温季节较高温季节少灌溉 1～3 次。营养液的灌溉时间以保证每天有 20%～40% 的回液量较适宜。营养液的灌溉要根据温度、光照、茄子的长势进行调整，温度越高、光照越强、长势越好，营养液的消耗量也就越大，灌溉的次数和灌溉量也就越多。

在日常的营养液配制和灌溉上，还要注意营养液浓度和酸碱度的监测，及时关注 EC 和 pH 的变化。配制营养液的肥料一般分 A 肥（Ca 肥和 K 肥）、B 肥（其他和微肥）、C 肥（酸）三种，每次配制营养液时要准确计算、称量各肥料的量，溶解时要分开，防止产生沉淀。配制时现在营养液池内加入 20% 左右的水，将溶解后的 A 肥料加入营养液池，然后加入 20% 左右的水，再加入 B 肥，之后再加入 20% 左右的水，最后加入 C 肥后再加入 20% 左右的水，将营养液混合均匀后，测定 EC、pH，根据所需要的浓度和酸碱度调整加入水的量至适宜。

# 三、茄子封闭式无机基质槽培技术

## 1. 栽培系统的构建

封闭式无土栽培系统，包括栽培槽系统和水循环系统两部分。

栽培槽系统包括高脚式栽培槽和从下往上依次设置的起支撑作用的多孔隔板、起过滤作用的多孔材料、珍珠岩和带有定植孔的盖板，盖板将栽培槽的开口完全盖住，栽培槽的下表面设有向下突出的圆柱形排水口。

水循环系统包括营养液池、水泵和循环管道，将水泵与供水主管、供水支管依次连接，回水支管和回水主管依次连接；栽培槽下方配一根供水支管和一根回水支管；在供水支管上设有同定植孔数相同目的供水毛细软管，并将供水毛细软管末端插入栽培槽的定植孔；最后将回水支管上设有的圆孔依次与栽培槽底部的圆柱形排水口相连接。定植前应将封闭式无土栽培系统进行试水，以保证灌溉系统的通畅，以冲刷基质中的杂质。珍珠岩应选择大小在 0.3～0.5cm，颗粒均一产品，每个栽培槽放入珍珠岩约 9L，定植时南北向定植，两行栽培槽的东西行距 150～160cm，每个栽培槽定植 2 棵，南北向株距为 40cm。

## 2. 播前准备

选择温室中温度和光照较好的位置摆放穴盘，使用 72 孔穴盘。穴盘育苗的常用基质材料为草炭、蛭石、珍珠岩等，可采用番茄育苗的商品复合基质。自己配制可采用草炭：蛭石：珍珠岩＝2：1：1，冬季育苗：基质加 15：15：15 氮磷钾三元复合肥 2.5kg/m³，或 1.2kg/m³ 尿素和 1.2kg/m³ 磷酸二氢钾。

夏季育苗：基质加 15∶15∶15 氮磷钾三元复合肥 2.0kg/m³。基质 pH 为 5.8～7.0。

把种子放入 55℃ 水中恒温浸泡 15min，已浸种的种子常温浸泡 6～8h 后捞出洗净，置于 22～28℃ 下保温催芽，当 65% 以上的种子露白即可播种。

**3. 定植**

定植前对棚室进行闷棚或烟熏剂消毒。然后进行放风，无异味时定植。定植时每一个栽培槽定植 2 棵，行距 110cm。定植密度 2 000 株/亩左右。

**4. 营养液管理**

**（1）营养液的配制**　营养液配制水源的要求水质应符合 NY 5010 的要求。多种水源可用作营养液的配制。如井水、雨水、自来水等。如果使用地表水作水源，必须保证不含病菌及悬浮物。不论使用何种水源，用之前必须对水质进行完全的分析，以明确水中所含的成分，地下水的硬度应小于 10°。

**（2）营养液的配制肥料**　营养液配制使用的肥料是无机盐类，例如 $Ca(NO_3)_2$，$KNO_3$，$KH_2PO_4$，$K_2SO_4$，$MgSO_4$，$NH_4NO_3$ 以及螯合物等。无机盐类需选用纯度高，较高溶解性的肥料。

**（3）营养液配制**　营养液采用茄子专用配方，配制时先将配制好的 A 肥和 B 肥分别在塑料桶内溶解。随后根据肥料标注的添加清水量，先在营养液池内添加 30% 的水，然后加入溶解后的 A 肥，循环搅拌营养液池；其次加入溶解后的 B 肥，然后再加入 30% 的清水，搅拌均匀；第三，根据配方选择是否需要加入磷酸和微肥。待 A、B 肥和磷酸均添加完后，再加入 20% 的清水，搅拌均匀，测定电导率，根据营养液 EC 和 pH 测定结果调整加入清水和磷酸的量，直至达到适宜浓度为止。

**（4）营养液浓度管理**　定植后的缓苗期浇灌营养液浓度控制在 1.6～2.0ms/cm，待缓苗后逐步提高营养液的浓度至 1.8～2.2ms/cm，在结果期和采收期营养液浓度控制在 2.2～2.6ms/cm。在茄子的生长盛期和结果盛期，每月更换营养液时，给栽培槽的基质浇灌一遍清水，并清洗营养液池；同时要定期地对营养液电导率和酸碱度进行检测，并及时调整。

**（5）灌溉定额**　在定植初期，营养液的灌溉时间以每天 1～3 次，每次 10～15min 为宜；在茄子的生长盛期和结果期每天灌溉 3～8 次，每次 10～15min，灌溉总量控制在每天 2～3L/株。在整个生长期间，在高温季节要增加循环的次数和时间，寒冷季节可适当减少浇灌的次数和时间。冬季灌溉开始时间应在日出后，结束时间在下午 4 时前。

**5. 田间管理**

温度：茄子苗期的生育适宜温度为 20～30℃；夜间温度为 18～20℃。花芽分化的适宜夜温为 20～24℃，适当的高温利于促进开花结果最高温度持续在 20℃以上，茄子能正常结果；最高温度达不到 20℃就会引起茄子的结果障碍。

　　光照：茄子对光照强度的要求较高，不耐弱光。在弱光霞，茄子的叶片变得柔弱而徒长，同化量少，花的发育不良，果实发育变劣，着色变差。

　　植株调整：茄子一般采用单干或者双干整治的方法，可根据栽培茬口以及设施情况选择。一般秋冬茬茄子由于后期光照弱、温度低、通风量小、湿度大等因素采取双干整枝法，去掉多余侧枝及老叶，并吊秧。

# 第二章 番茄无土栽培技术

番茄（Lycopersicumesculentum Mill.），茄科番茄属植物。在热带为多年生，在温带为一年生。番茄是国内外无土栽培面积最大且最具代表性的无土栽培作物。无土栽培番茄生长速度快，收获期早且长，可通过调节营养液的浓度和成分使果实品质更好，因而深受消费者的喜爱。

## 一、番茄无土栽培的意义

番茄无土栽培之所以能在全世界有着广泛地栽培，一方面是番茄的市场需求量大，另一方面就是无土栽培与土壤栽培相比有着众多的优势。

无土栽培番茄产量、品质提升潜力大。无土栽培能够充分发挥番茄的生产潜力，并可以根据番茄的需求供给养分，提高品质。荷兰番茄无土栽培平均每平方米产量达到了60kg以上，日本番茄无土栽培平均每平方米产量也达到了30kg以上，比常规土壤栽培产量提高70％以上。我国目前番茄无土栽培产量比常规栽培增幅也在30％以上。

无土栽培能够解决连作障碍和土传病害的问题。设施番茄由于多年的持续种植连作障碍、根结线虫等病害严重，繁殖困难，导致农产品用药超标。无土栽培摆脱了土壤的限制，从根本上解决了这一问题。另外，无土栽培还拓展了番茄的栽培空间，在盐碱地、沙漠等非耕地上有着广阔的应用空间。

节约水肥资源优势显著。土壤种植时灌溉的水分、养分大量流失、渗漏，浪费严重，且造成了土壤板结、地下水污染等生态问题。无土栽培系统能够避免水肥的流失、渗漏，特别是封闭式无土栽培系统能够实现水肥资源的最大化利用，并且对生态环境没有危害。

无土栽培省工生力，产品干净卫生。无土栽培由于没有了翻地、做畦等繁重的农事劳作，且灌溉等操作可实现自动化操作，极大地节省了劳动力，提高了经济效益。

有利于实现现代化的操作和管理。无土栽培操作和设备的装备均规范化和标准化，有利于实现现代化的管理、采摘等机器设备的运用。

# 二、番茄无土栽培技术

## 1. 番茄的无土栽培类型

　　水培、岩棉培、基质培等无土栽培方式都适用于番茄的无土栽培。番茄水培的早熟性更好，增产的效果更佳，产品的商品性更好。但是水培的设备一次性的投入较高，对管理人员的技术水平要求也高，且对设施环境条件要求也比较严格，整体的运行成本也较高。岩棉培则技术比较成熟，栽培管理模式也容易掌握，管理比较容易，但是由于岩棉需要进口，导致一次性投资比较大，对于个体种植户来说比较困难。基质栽培由于栽培设施比较简易，基质来源比较广泛，栽培管理技术要求不高，在我国推广应用面积较大。袋培、有机生态型、封闭式无机基质槽培等基质培模式均应用较多。

## 2. 品种与茬口

　　番茄栽培茬口不同地区存在一定差异。无土栽培番茄在荷兰等国家多采用周年栽培，一般从 8 月定植到来年 6 月拉秧，日本等国家无土栽培多采用一年两茬的方式。我国无土栽培番茄多在日光温室内进行，环境调控能力差，故一般采用秋冬茬和春茬一年两茬的方式。

　　无土栽培番茄品种的选择应适应无土栽培，选择抗病性好、产量高、品质优、持续座果能力和生长能力强的品种。在秋冬茬要针对低温弱光等条件，选择耐低温、抗弱光的品种。在抗病性上要选择抗病毒的品种，特别是秋冬茬栽培。

## 3. 番茄无土栽培的营养液管理技术

　　番茄的养分吸收特性据养分平衡原理，植株只有在各种养分的吸收量达到生理平衡后，才能正常生长发育。养分比例是否适宜将直接影响到植物的新陈代谢，从而产生生理病害。因此，番茄生长期间能否保持营养生长和生殖生长协调平衡是高产优质的关键。无土栽培中营养液配方至关重要。番茄育苗时，氮、磷、钾的比例为 1∶2∶2，有利于培育壮苗，并可提早开花结果。番茄定植后缓苗后生长缓慢，第一穗开花坐果时，营养生长和生殖生长同时进行，所需养分逐渐增加。当进入结果期后，吸肥量急剧增加。定植后 1 个月内吸肥量仅占总吸收量的 10％～13％，其中钾的增加量最低。在此后 20d，吸钾量猛增，其次是磷。结果盛期，养分吸收量达最大值，此期吸肥量占总吸收量的 50％～80％。此后养分吸收量逐渐减少，说明植株衰老，根系吸收能力降低。因此，根据番茄的养分吸收规律需要对营养液的组分和供给进行及时的调整。

　　（1）番茄的营养液配方　根据番茄养分吸收特性和酸碱度以及无土栽培的形式，番茄的营养液配方有不同的配比，且针对不同地区的水质，营养液配比也不尽相同。表7是番茄基质培不同时期的营养液配比。番茄不同的生长时期对养分的要求不同，因此营养液的配比和浓度也不同。番茄生长的适宜 pH 在 6.5 左右。

**表7 番茄常用营养液配方**

（单位：mg/L）

| 化合物 | 华南农大配方 | 日本园试配方 | 日本山崎配方 |
|---|---|---|---|
| 硝酸钙 $Ca(NO_3)_2 \cdot 4H_2O$ | 590 | 945 | 354 |
| 硝酸钾 $KNO_3$ | 404 | 809 | 404 |
| 磷酸二氢钾 $KH_2PO_4$ | 136 | 0 | 0 |
| 磷酸二氢铵 $NH_4H_2PO_4$ | 0 | 153 | 77 |
| 硫酸镁 $MgSO_4 \cdot 7H_2O$ | 246 | 493 | 246 |

**（2）番茄的营养液管理技术** 不同的生长发育阶段，番茄对养分的需求和吸收不同，因此，在番茄无土栽培中营养液的管理至关重要。基质培定植前用 EC1.8ms/cm 的营养液浇透基质，定植后缓苗期间 EC1.8～2.0ms/cm 的营养液，使番茄迅速缓苗。缓苗后至第一穗花开花，EC2.4～2.8ms/cm 的营养液灌溉，促进番茄提早开花，增加早期产量。第一穗花开花后至盛果期，EC 2.2～2.6ms/cm 的营养液灌溉，提供植株生长所需的养分，促进植株生长和开花坐果。结果盛期可适当增加营养液浓度，提升果实所需养分，改善果实品质。

番茄无土栽培营养液的灌溉模式也是根据不同的生长发育时期以及不同的栽培季节进行调整的。不同的无土栽培系统灌溉的模式也不一样。一般应保证每天的灌溉量满足植株生长发育所需，并应当有一定的富余量，使栽培系统营养液有回流，减少盐分的积累。一般冬春季节定植初期每天灌溉 1～3 次，开花坐果期每天灌溉 4～6 次。夏秋季节定植初期每天灌溉 2～4 次，开花坐果期每天灌溉 6～8 次根据植株的长势和环境情况适当调整。

# 三、番茄封闭式无机基质槽培技术

## 1. 栽培系统的构建
系统构建参照茄子无土栽培。

## 2. 播前准备
穴盘育苗的常用基质材料为草炭、蛭石、珍珠岩等，草炭：蛭石：珍珠岩＝2：1：1，冬季育苗：基质加 15：15：15 氮磷钾三元复合肥 2.5kg/m³，或 1.2kg/m³ 尿素和 1.2kg/m³ 磷酸二氢钾。夏季育苗：基质加 15：15：15 氮磷钾三元复合肥 2.0kg/m³。基质 pH 为 5.8～7.0。

种子应选择抗病、优质、高产的品种。播种前需要进行种子消毒处理。

**3. 定植**

定植前对棚室进行闷棚或烟熏剂消毒。然后进行放风，无异味时定植。定植时每一个栽培槽定植 2 棵，行距 110cm。定植密度 2 200 株/亩左右。

**4. 营养液管理**

**（1）营养液配制水源的要求**　水质应符合 NY 5010 的要求。多种水源可用作营养液的配制。如井水、雨水、自来水等。如果使用地表水作水源，必须保证不含病菌及悬浮物。不论使用何种水源，用之前必须对水质进行完全的分析，以明确水中所含的成分，地下水的硬度应小于 10°。

**（2）营养液的配制肥料**　营养液配制使用的肥料是无机盐类，例如 $Ca(NO_3)_2$，$KNO_3$，$KH_2PO_4$，$K_2SO_4$，$MgSO_4$，$NH_4NO_3$ 以及螯合物等。无机盐类需选用纯度高，较高溶解性的肥料。

**（3）营养液配制**　营养液采用番茄专用配方，配制时先将配制好的 A 肥和 B 肥分别在塑料桶内溶解。随后根据肥料标注的添加清水量，先在营养液池内添加 30% 的水，然后加入溶解后的 A 肥，循环搅拌营养液池；其次加入溶解后的 B 肥，然后再加入 30% 的清水，搅拌均匀；第三，根据配方选择是否需要加入磷酸和微肥。待 A、B 肥和磷酸均添加完后，再加入 20% 的清水，搅拌均匀，测定电导率，根据营养液 EC 和 pH 测定结果调整加入清水和磷酸的量，直至达到适宜浓度为止。

**（4）营养液浓度管理**　定植后的缓苗期浇灌营养液浓度控制在 2.0～2.2ms/cm，待缓苗后逐步提高营养液的浓度至 2.6～2.8ms/cm，待开花后逐步降低营养液的浓度至 2.4～2.6ms/cm，在结果期和采收期营养液浓度控制在 2.6～3.0ms/cm。在番茄的生长盛期和结果盛期，每月更换营养液时，给栽培槽的基质浇灌一遍清水，并清洗营养液池；同时要定期地对营养液电导率和酸碱度进行检测，并及时调整。

**（5）灌溉定额**　在定植初期，营养液的灌溉时间以每天 3 次，每次 10～15min 为宜；在番茄的生长盛期和结果期每天灌溉 5～8 次，每次 10～15min，灌溉总量控制在每天 2L/株。在整个生长期间，在高温季节要增加循环的次数和时间，寒冷季节可适当减少浇灌的次数和时间。冬季灌溉开始时间应在日出后，结束时间在下午 4 时前。

**5. 田间管理**

**（1）温度**　温度要求按照缓苗期白天气温控制在 25～28℃，夜间温度控制在 ≥15℃；开花坐果期白天气温控制在 20～25℃，夜间温度控制在 ≥10℃；结果期白天气温控制在 22～26℃，夜间温度控制在 8～15℃。

**（2）光照**　经常保持棚膜和玻璃的清洁。遇到极端天气时，应采取补光措施。可使用高压钠灯、红蓝光 LED 灯等措施进行补光，极端天气每天补光 8～12h。也可在弱光照天气每天日出前和日落后各补光 1～2h。

**（3）植株调**　用尼龙绳等进行吊蔓，始终保持植株生长点距离温室顶部 0.5～1.5m。采用单杆整枝。及时清除侧枝和摘除病叶和老叶。在开花期采用熊蜂或振荡授粉器进行授粉，并及时采收成熟果。

# 第三章　辣椒无土栽培技术

辣椒（Capsicum annuum L.），茄科、辣椒属一年或有限多年生草本植物。无土栽培辣椒，每公顷产量可比同等条件下土壤栽培产量增加40％。无土栽培为辣椒根系提供了疏松、通透性良好的全新生长环境，为根系生长提供了足够的养分、水分、空气，促进了辣椒生长；能增加辣椒产量，提高辣椒品质，克服连作障碍；节约用水，提高肥效，减少肥料损耗，清洁卫生，减轻病虫为害；无需中耕除草，可降低劳动成本；不受土壤条件限制，在沙漠荒滩、盐碱地等地也可发展辣椒生产，具有较高的推广价值和广阔的市场前景。

## 一、辣椒无土栽培的意义

无土栽培辣椒产量高、品质好。无土栽培能够为辣椒的生长提供充足而且均衡的养分，保证各个生长时期的需求，可以使开花坐果期，从而促进甜椒单株结果数的比例明显增加，使得产量增加的前提下，提高品质。已有的结果表明，无土栽培辣椒产量可比土壤栽培提高50％以上，并且提高了辣椒的维生素C等营养含量。

无土栽培能够解决连作障碍和土传病害的问题。由于当前栽培蔬菜比较单一，人们单纯追求产量，却忽略了过量肥料导致土壤产生盐泽化和连作障碍，最终导致蔬菜长势不良，抗性和品质下降。无土栽培通过合理的水肥供应和基质的更新很好地解决了这一问题，保证了辣椒生长环境的最优。

减少了水肥资源的浪费，保护了生态环境。土壤栽培由于水肥的流失，导致了土壤的盐渍化，地下水污染，破坏了生产环境。无土栽培通过合理的水肥供应和营养液的循环利用，减少了对土壤和地下水的污染，改善了生产环境。

无土栽培省工生力，产品干净卫生。无土栽培由于没有了翻地、做畦等繁重的农事劳作，且灌溉等操作可实现自动化操作，极大地节省了劳动力，提高了经济效益。

## 二、辣椒无土栽培技术

**1. 辣椒的无土栽培类型**

水培、岩棉培、基质培等无土栽培方式都适用于辣椒的无土栽培。水培的设备一次性的投入较高，对管理人员的技术水平要求也高，且对设施环境条件要求也比较严格，整体的运行成本也较高。岩棉培则技术比较成熟，栽培管理模式也容易掌握，管理比较容易，但是由于岩棉需要进口，导致一次性投资比较大，对于个体种植户来说比较困难。基质栽培由于栽培设施比较简易，基质来源比较广泛，栽培管理技术要求不高，在我国推广应用面积较大。袋培、有机生态型、封闭式无机基质槽培等基质培模式均应用较多。

**2. 品种与茬口**

辣椒栽培茬口不同地区存在一定差异。辣椒茬口有早春茬栽培、秋冬茬栽培、冬春茬栽培等类型。北方地区则多于春季在保护地内育苗，4~5月定植。辣椒的前茬可以是各种绿叶菜类，后茬可以种植各种秋菜或休闲。因为茄果类蔬菜有共同的病虫害，所以辣椒栽培应与非茄果类蔬菜轮作。

无土栽培辣椒品种应选择抗病性好、产量高、品质优生长能力强的品种。在秋冬茬要针对低温弱光等条件，选择耐低温、抗弱光的品种。

**3. 辣椒无土栽培的营养液管理技术**

辣椒的养分吸收特性无土栽培基质或介质中基本没有营养成分，植株生长发育所需的养分主要来自营养液，因此，养分比例是否适宜将直接影响到植物的新陈代谢，从而导致生理病害的发生。因此，辣椒生长期间能否保持均衡充足的养分供应是高产优质的关键。辣椒是需肥量较少的蔬菜作物，幼苗期吸收养分量极少，主要集中在结果期。但幼苗期养分供应不充足，尤其是氮磷，对辣椒的生育和产量影响是不可弥补的，所以说苗期是辣椒需肥的关键时期。辣椒从幼苗到开花，对氮、磷、钾的吸收量占总量的16%，从初花期到盛花结果期，约吸收34%，盛花期到采收期，植株的营养生长减弱，对磷钾的需要量最多，约为吸收总量的50%。辣椒生长前期即开花前施肥量不能太大，否则引起徒长，造成落花落果。氮、磷、钾对花芽分化的影响极为明显。从果实膨大到拔秧为结果期，此期开花结果及营养生长交替进行，也是植株吸肥高峰期。因此，协调好营养生长和生殖生长的关系，是夺得高产的关键。

**（1）辣椒的营养液配方** 辣椒无土栽培配方在不同的国家和地区，营养液配方不尽相同。表8是辣椒无土栽培的营养液配方。辣椒不同的生长发育时期对养分的需求量不同，因此营养液的管理也不同。辣椒生长的适宜 pH 在 6.0~6.3。

表 8　辣椒常用营养液配方

（单位：mg/L）

| 化合物 | 日本园试配方 | 日本山崎配方 |
|---|---|---|
| 硝酸钙 $Ca(NO_3)_2 \cdot 4H_2O$ | 945 | 354 |
| 硝酸钾 $KNO_3$ | 809 | 607 |
| 磷酸二氢钾 $KH_2PO_4$ | 0 | 0 |
| 磷酸二氢铵 $NH_4H_2PO_4$ | 153 | 96 |
| 硫酸镁 $MgSO_4 \cdot 7H_2O$ | 493 | 185 |

**（2）辣椒的营养液管理技术**　定植前后营养液的适宜 EC 为 1.8～2.0ms/cm，营养生长期间最适 EC 为 2.0～2.4ms/cm，坐果后营养液的适宜 EC 为 2.4～2.8ms/cm。夏季气温高可适当降低营养液浓度，冬季则适当提高营养液浓度。回收液与灌溉液 EC 以相差不超过 0.8ms/cm 为宜，每3～4 周应滴灌 1d 清水以防基质盐分积累。辣椒生长过程中的营养液灌溉量应视生育阶段、栽培季节、日照强度、室内环境等条件而定，夏秋季温度较高，植株水分蒸发量大，应适当多灌，但不可灌饱和水，以防止影响根系生长。灌溉应坚持少量多次的原则，使基质湿度保持在其最大持水量的70%～85%。

# 三、辣椒封闭式无机基质槽培技术

**1. 栽培系统的构建**

系统构建参照茄子无土栽培。

**2. 播前准备**

穴盘育苗的常用基质材料为草炭、蛭石、珍珠岩等，草炭：蛭石：珍珠岩＝2：1：1，冬季育苗。基质 pH 为 5.8～7.0。

种子应选择抗病、优质、高产的品种。播种前需要进行种子消毒处理。

**3. 定植**

定植前对棚室进行闷棚或烟熏剂消毒。然后进行放风，无异味时定植。定植时每一个栽培槽定植 2 棵，行距 110cm。定植密度 2 000 株/亩左右。

**4. 营养液管理**

**（1）营养液配制水源的要求**　水质应符合 NY 5010 的要求。多种水源可用作营养液的配制。如井水、雨水、自来水等。如果使用地表水作水源，必须保证不含病菌及悬浮物。不论使用何种水源，用之前必须对水质进行完全的分析，以明确水中所含的成分，地下水的硬度应小于10°。

**（2）营养液的配制肥料**　营养液配制使用的肥料是无机盐类，例如

$Ca(NO_3)_2$，$KNO_3$，$KH_2PO_4$，$K_2SO_4$，$MgSO_4$，$NH_4NO_3$ 以及螯合物等。无机盐类需选用纯度高，较高溶解性的肥料。

**（3）营养液配制**　营养液采用辣椒专用配方，配制时先将配制好的 A 肥和 B 肥分别在塑料桶内溶解。随后根据肥料标注的添加清水量，先在营养液池内添加 30％的水，然后加入溶解后的 A 肥，循环搅拌营养液池；其次加入溶解后的 B 肥，然后再加入 30％的清水，搅拌均匀；第三，根据配方选择是否需要加入磷酸和微肥。待 A、B 肥和磷酸均添加完后，再加入 20％的清水，搅拌均匀，测定电导率，根据营养液 EC 和 pH 测定结果调整加入清水和磷酸的量，直至达到适宜浓度为止。

**（4）营养液浓度管理**　定植后的缓苗期浇灌营养液浓度控制在 1.8～2.0ms/cm，待缓苗后至门椒开花提高营养液的浓度至 2.0～2.4ms/cm，对椒坐住后提高营养液浓度至 2.4～2.8ms/cm，并可增加钾的供应量，以保证营养生长与生殖生长的平衡。在收获中后期，可用营养液正常浓度的铁和微量元素进行叶面喷施，每 15d 喷 1 次。无土栽培是营养与水分一起供给，难免有供水和供肥之间的矛盾，所以水量足够而营养需要量相对大时，可适当提高营养液的浓度或单独补充营养。

**（5）灌溉定额**　在定植初期，营养液的灌溉时间以每天 2 次，每次 5～8min 为宜；在辣椒的生长盛期和结果期每天灌溉 4～8 次，每次 8～12min。在整个生长期间，在高温季节要增加循环的次数和时间，寒冷季节可适当减少浇灌的次数和时间。冬季灌溉开始时间应在日出后，结束时间在下午 4 时前。

**5. 田间管理**

温度：辣椒为喜温作物，温度要求类似于茄子而高于番茄。种子发芽适宜温度为 25～32℃，在此温度下约 4d 出芽，低于 15℃时不易发芽。幼苗要求的温度较高，生长适温为：白天 25～30℃、夜间 20～25℃。开花结果要求的初期温度为：白天 20～25℃、夜间 16～20℃，温度低于 15℃时则将影响正常开花坐果，盛果期适宜温度为 25～28℃，35℃以上的高温和 15℃以下的低温均不利于果实的生长发育，但适当地降低夜温有利于结果。

光照：辣椒对光照强度的要求中等：光饱和点约为 35klx、补偿点约为 1.5klx，较番茄、茄子低。过强的光照对辣椒生长发育不利，特别是在高温、干燥、强光条件下，根系发育不良，易发生病毒病。过强的光照还易引起果实患日灼病。根据这一特点，辣椒密植的效果好，在气雾栽培效果也好。

植株调整：当辣椒长至一定高度，应及时拉绳固定，并进行整枝。整枝方法是双杆整枝。开花结果期应注意疏果，特别是疏掉畸形果及病果，提高辣椒的品质及商品率。

图书在版编目（CIP）数据

茄果类蔬菜高效栽培技术/潜宗伟编著．—北京：
中国农业出版社，2017.6（2017.8重印）
ISBN 978-7-109-22914-3

Ⅰ.①茄… Ⅱ.①潜… Ⅲ.①茄果类－蔬菜园艺
Ⅳ.①S641

中国版本图书馆 CIP 数据核字（2017）第 096106 号

中国农业出版社出版
（北京市朝阳区麦子店街 18 号楼）
（邮政编码 100125）
责任编辑　程　燕

北京万友印刷有限公司印刷　　新华书店北京发行所发行
2017 年 6 月第 1 版　　2017 年 8 月北京第 2 次印刷

开本：700mm×1000mm 1/16　　印张：11.75
字数：210 千字
定价：28.00 元
（凡本版图书出现印刷、装订错误，请向出版社发行部调换）